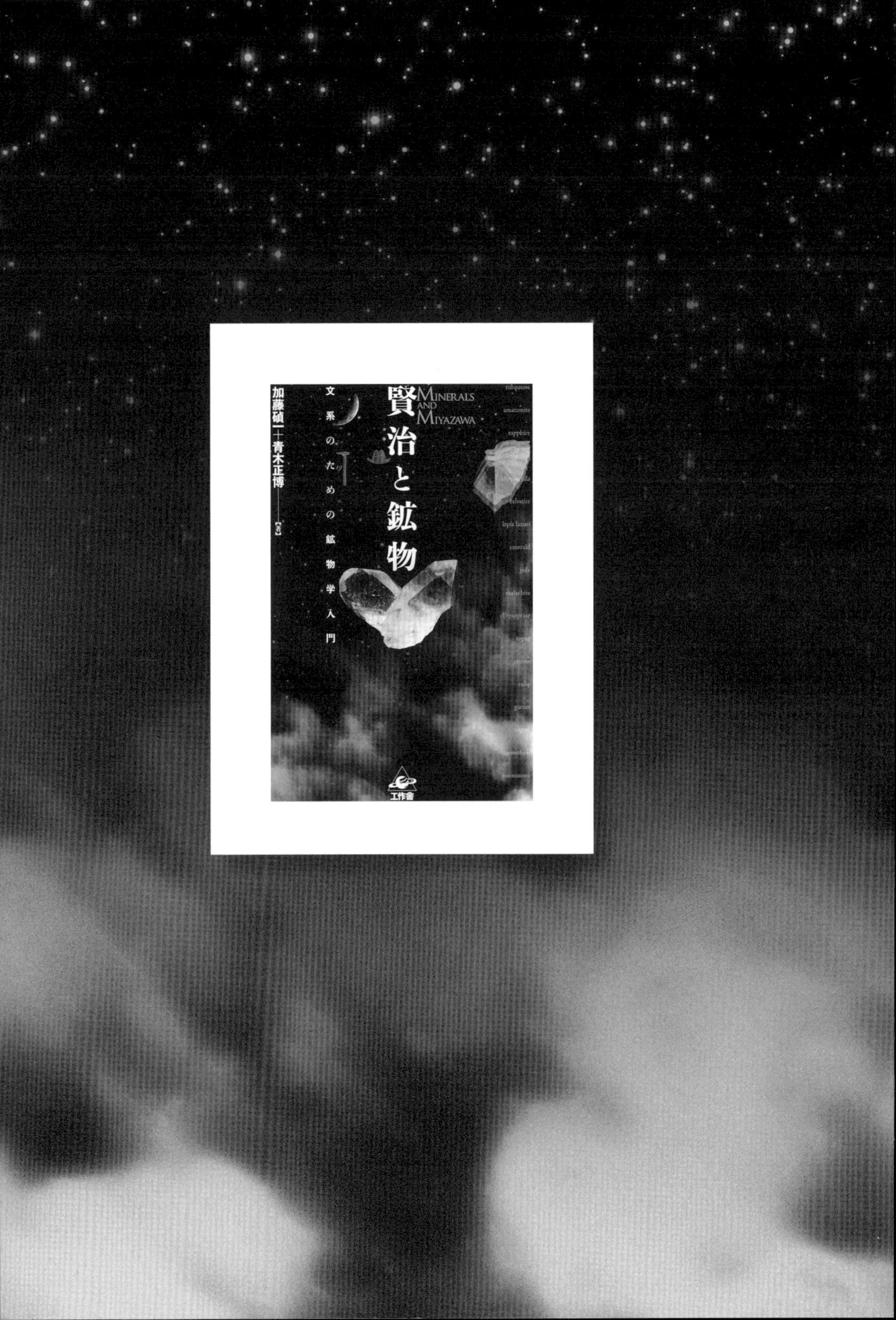
賢治と鉱物
MINERALS AND MIYAZAWA
文系のための鉱物学入門
加藤碵一＋青木正博【著】
turquoise
amazonite
sapphire
celestite
lapis lazuli
emerald
jade
malachite
chrysoprase
topaz
citrine
ruby
garnet
amethyst
moonstone
工作舎

はじめに

宮澤賢治は「石っこ賢さん」とあだ名されるほど、幼い頃から石に興味を持っていたことが知られています。賢治の弟、清六によると、賢治は地元、花巻で小学生11歳のときに「鉱物を採集し昆虫の標本を造」り、さらに盛岡中学校在校時14歳のときには「山野の跋渉、植物標本の採集、鉱石や印材の蒐集に熱中」したそうです。

中学卒業後は進学に反対する父の許しを得て、一年後に盛岡高等農林学校に首席入学を果たしました。そして土壌学を専門とする関豊太郎教授指導の下、本格的な地質調査にも従事し、卒業後には研究生として学校に残ります。これは現在の大学院に相当しますから、専門的素養を身につけたことがわかります。それを裏付けるのは、稗貫農学校（後の花巻農学校）の教員時代、地質学者の早坂一郎博士をイギリス海岸に案内しバタグルミ化石発見を助けたことです。早坂博士は論文中に賢治への感謝を記しています。

教員を退職後は羅須地人協会を設立し、農学校で学んだ知識をもとに農民の肥料設計に奔走しました。しかし、無理がたたって病に倒れ、37歳の生涯を閉じました。

賢治の生涯は、鉱物や地質、土壌学とともにありました。こうした豊かな知見は、あの名作童話『銀河鉄道の夜』や『春と修羅』の詩はもちろん、さまざまな作品の中に見いだされます。とりわけ鉱物は、その豊かな色彩を仮借して自然や心象のイメージがあふれるように表現され、それが大きな魅力の一つとなって、世代を超えた人々に愛されています。賢治自身や賢治作品をよりよく理解するには、鉱物について深く知ることが不可欠なのです。そこで石（おもに鉱物、一部岩石・石材・化石を含む）と色を通して作品世界をひもといてみることにしましょう。

本書は、鉱物ごとに二段階の構成をなしています。縦書きの本文では、賢治作品と鉱物を紹介しています。これは、地質学専攻ながら、2007年に宮沢賢治奨励賞をいただいた加藤が担当しました。そして、その鉱物の美しい写真の撮影とキャプションおよび横書きの鉱物解説は、鉱物学専攻の青木が担当しました。ともに科学者ゆえ客観的冷静な視点からの記述となり、従来の文学研究とは趣が異なることでしょう。それが、科学者であろうとした賢治の姿勢につながると読み取っていただければ幸いです。

さあ、賢治が愛した鉱物の世界へ。

加藤碩一

賢治と鉱物　目次

第1章 青い鉱物

第2章 緑の鉱物

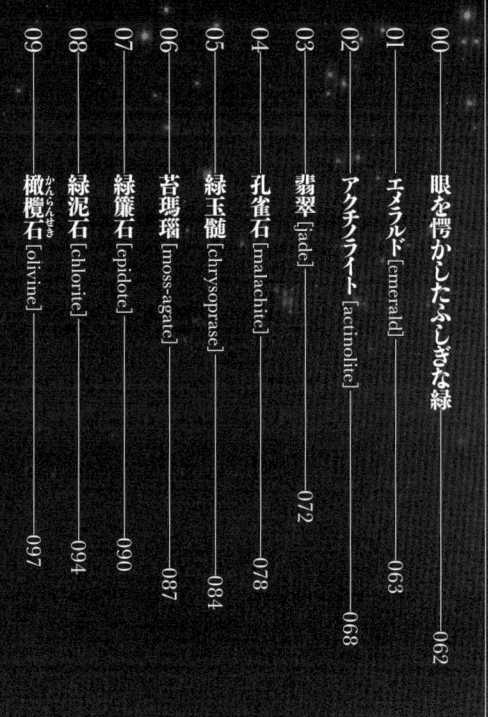

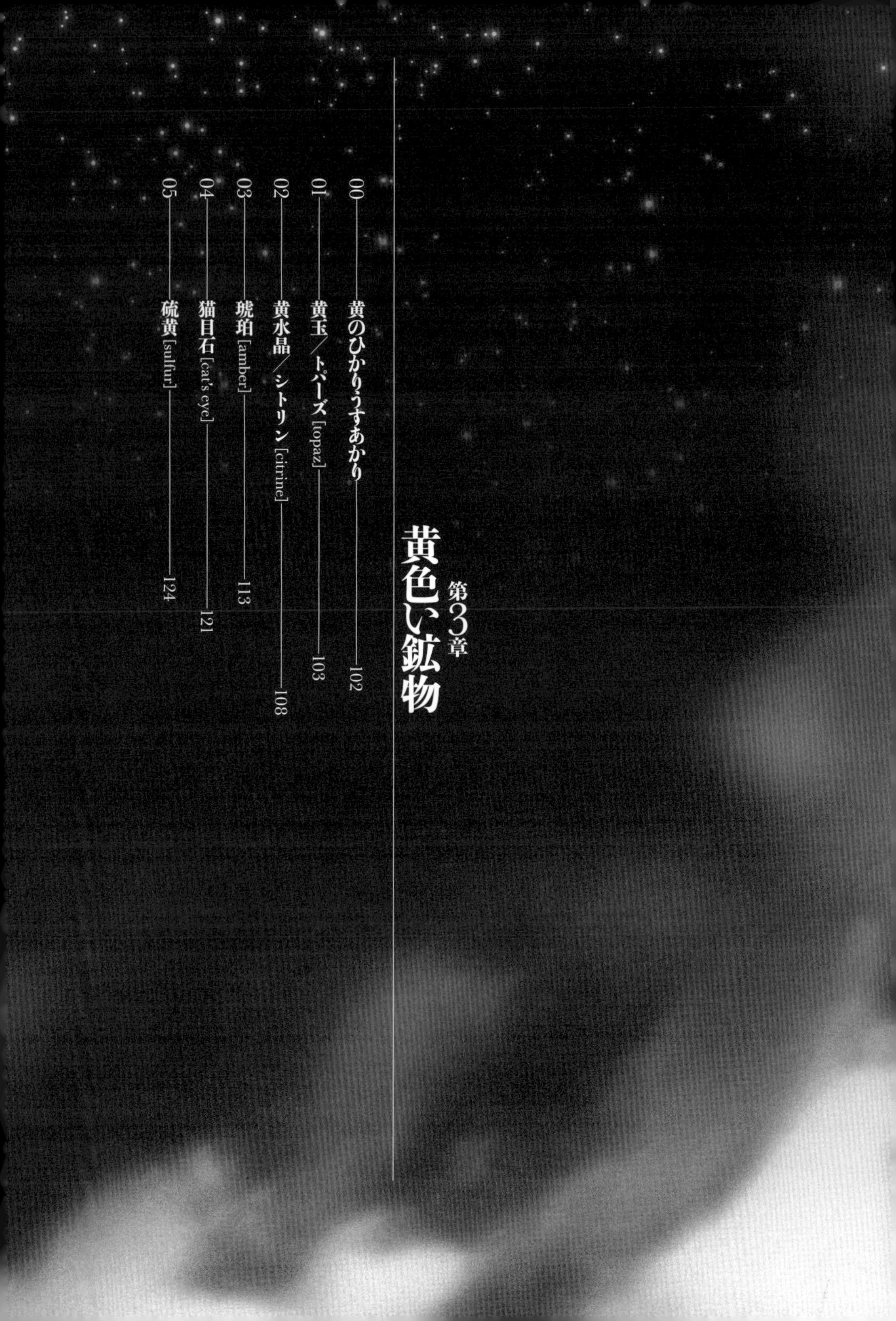

第3章 黄色い鉱物

第4章 赤い鉱物

第5章 白い鉱物

第6章 黒い鉱物

【宮澤賢治の生涯と地質学史】

年齢	年譜	年号	西暦	本書に関連する地質学事項と社会情勢
		天保4	1833	ライエル『地質学原理』にてGeology(地質学)確立
		明治11	1878	和田維四郎、『本邦金石略誌』を著し、陽起石(アクチノライト)、蛋白石(オパール)など多くの鉱物の和名を命名
		明治15	1882	国立地質調査所設立
		明治17	1884	小藤文次郎、エピドートに黄緑石、オーソクレースに正長石、アンフィボルに角閃石の和名を命名
		明治21	1888	坂　市太郎、夕張炭鉱発見
		明治23	1890	小藤文次郎・神保小虎・松島鉦四郎『英独和対訳 鉱物字彙』
0歳	8月27日、岩手県稗貫郡花巻町に誕生	明治29	1896	「北海道地質調査書」に夕張川上流にイリドスミン産出の記述 神保小虎『日本地質學 全』、横山又次郎『地質学教科書』 明治三陸地震津波(6月)
7歳	花巻川口尋常高等小学校入学	明治36	1903	デナ『鉱物学教科書』／日露戦争開戦
		明治37	1904	和田維四郎『日本鉱物誌』
		明治39	1906	イディングス『造岩鉱物』
13歳	盛岡中学校入学	明治42	1909	イディングス『火成岩』
		明治44	1911	東北帝大地質学科設置／ウェーゲナー大陸移動説
		大正2	1913	佐藤傳蔵『大鑛物學』
18歳	盛岡中学校卒業	大正3	1914	『英和和英 地學字彙』／岩手軽便鉄道開業／第一次世界大戦
19歳	盛岡高等農林学校入学	大正4	1915	片山正夫『化学本論』

20歳	3月、東京・関西へ修学旅行 7月、関豊太郎教授指導の下、盛岡附近地質調査	大正5	1916	小藤文次郎『地質学雑誌』に「日本の火山」論文掲載 神保小虎『日本鉱物誌』(増訂版)
21歳	同人誌『アザリア』創刊／「東海岸視察団」参加	大正6	1917	東京地学協会『支那地学調査報告』発行開始
22歳	4月、研究生となり、9月まで稗貫郡主要部地質及土性調査に従事	大正7	1918	鷲沢硫黄鉱山閉山／米騒動
23歳	12月、妹トシの看病のため母と上京、翌3月まで在京	大正8	1919	地質調査所による東部シベリア・北樺太調査開始
24歳	盛岡高等農林学校研究科修了	大正9	1920	加藤武夫『地質学雑誌』に黒鉱鉱床論文掲載
25歳	1月、家出同然に上京。国柱会奉仕活動とともに、大量の童話執筆 8月、帰郷 11月、稗貫(後に花巻)農学校教諭に就任 12月、童話「雪渡り」を雑誌発表。『冬のスケッチ』執筆	大正10	1921	樺太庁『樺太地質概査図』 東京博物館(現科学博物館)官制公布
26歳	11月、妹トシ死す	大正11	1922	ボウエン『反応原理』
27歳	4月、童話「やまなし」新聞発表。7月、樺太旅行	大正12	1923	関東大震災
28歳	4月、詩集『春と修羅』刊行 12月、童話集『注文の多い料理店』刊行	大正13	1924	満鉄地質調査所1/300万『南満州地質略図』
29歳	12月、東北帝大の地学者・早坂一郎とともにバタグルミ化石を採集	大正14	1925	日本地理学会創立
30歳	3月、花巻農学校を退職 8月、羅須地人協会設立	大正15	1926	第3回汎太平洋学術会議(東京)
32歳	6月、伊豆大島旅行。『三原三部』『東京』執筆 8月、過労から病に臥し、実家にて療養生活。『疾中』執筆	昭和3	1928	日本岩石鉱物鉱床学会設立
35歳	東北砕石工場技師となる 9月、病に倒れ、再び療養生活。「雨ニモマケズ」執筆	昭和6	1931	東北大飢饉／満州事変
36歳	4月、「グスコーブドリの伝記」雑誌発表	昭和7	1932	日本鉱物趣味の会創立
37歳	9月21日、死去	昭和8	1933	昭和三陸地震津波(3月)

イーハトーブ[岩手県]地図

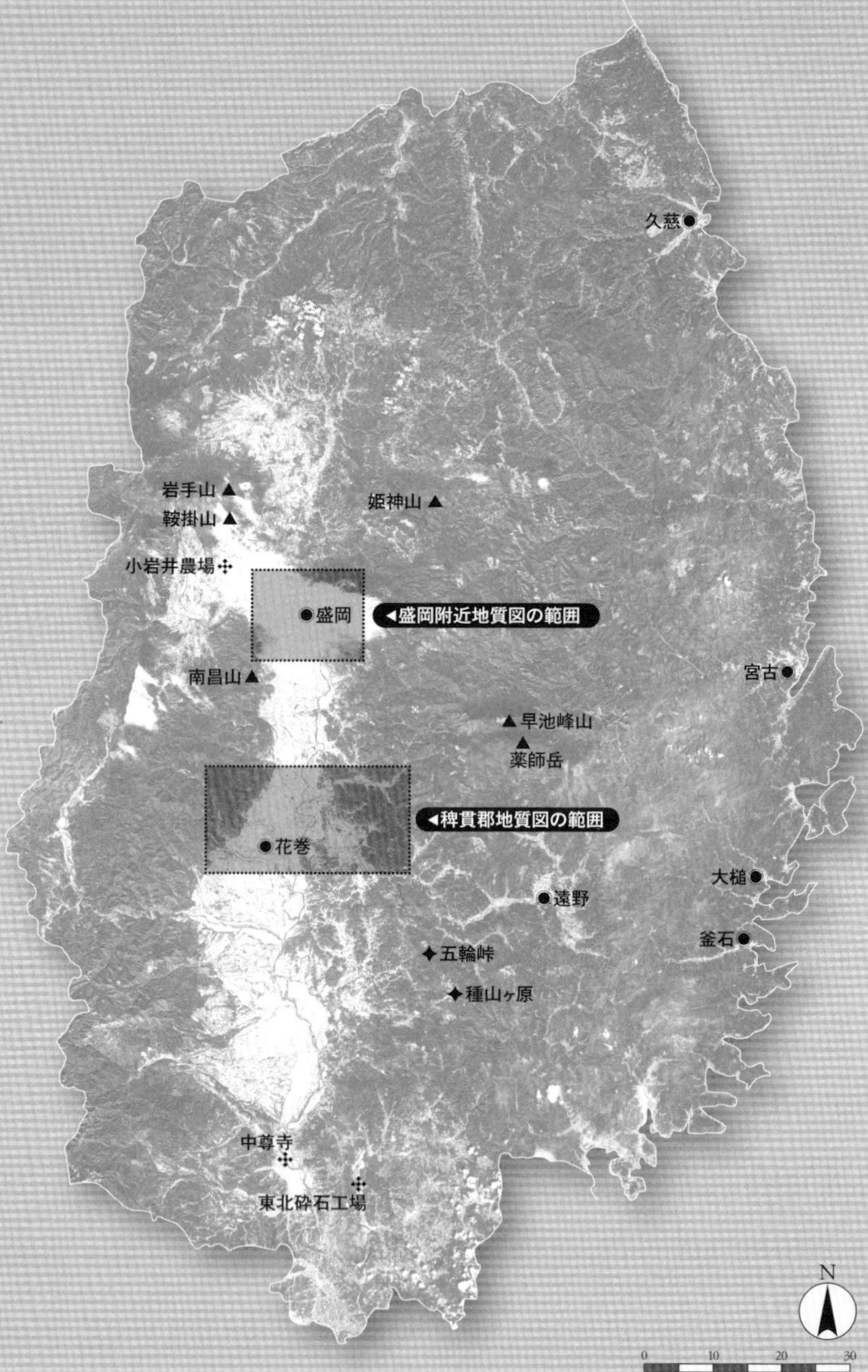

【賢治が作成した地質図】

賢治は、盛岡高等農林学校時代に地質・土性調査に参加し、地質図を残しています。

盛岡附近地質図

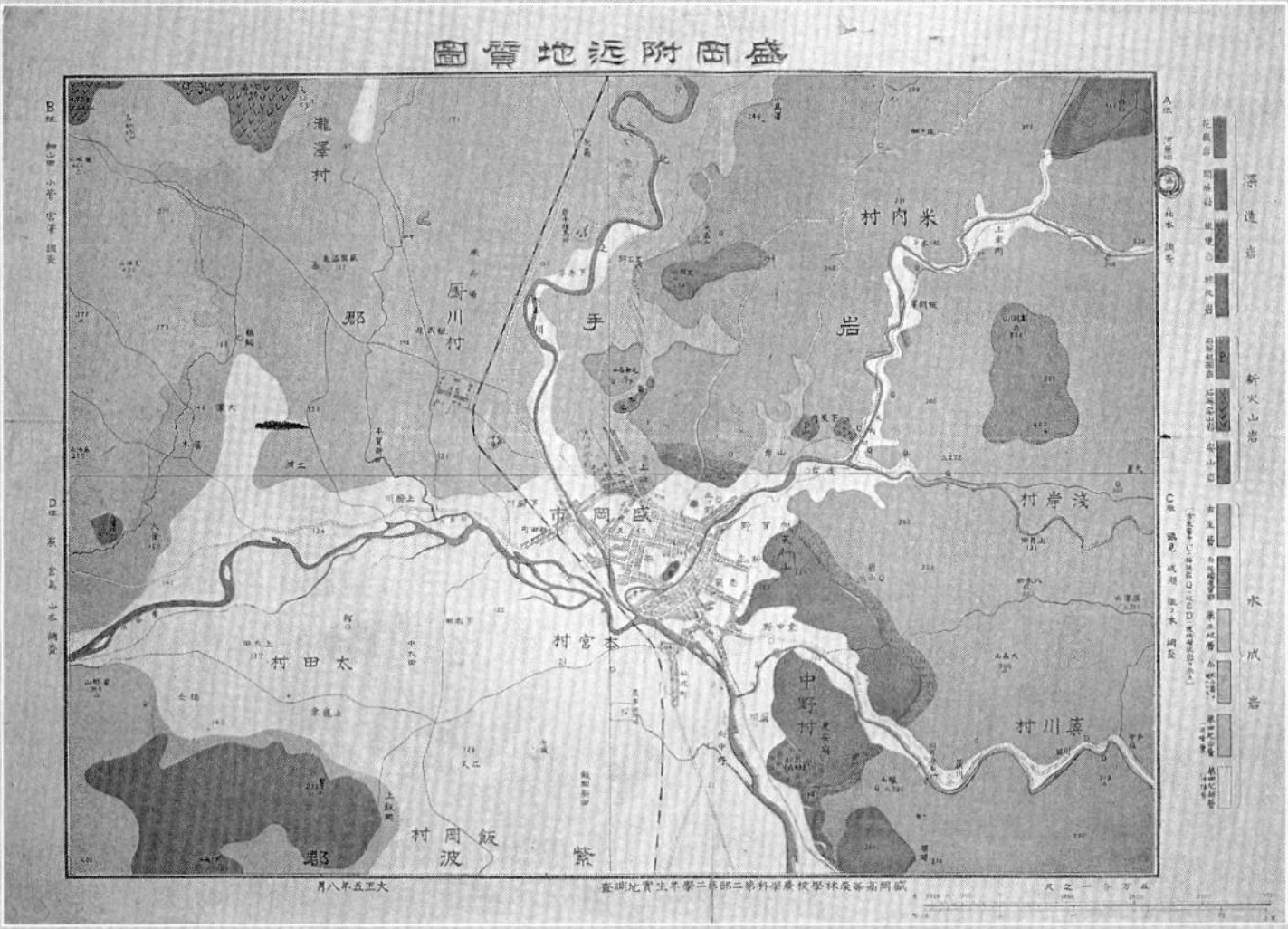

大正5年7～8月、2年生の授業の一環として同級生らと作成。翌6年校友会会報に掲載。（50000分の1）

岩手県稗貫郡主要部地質及土性略図

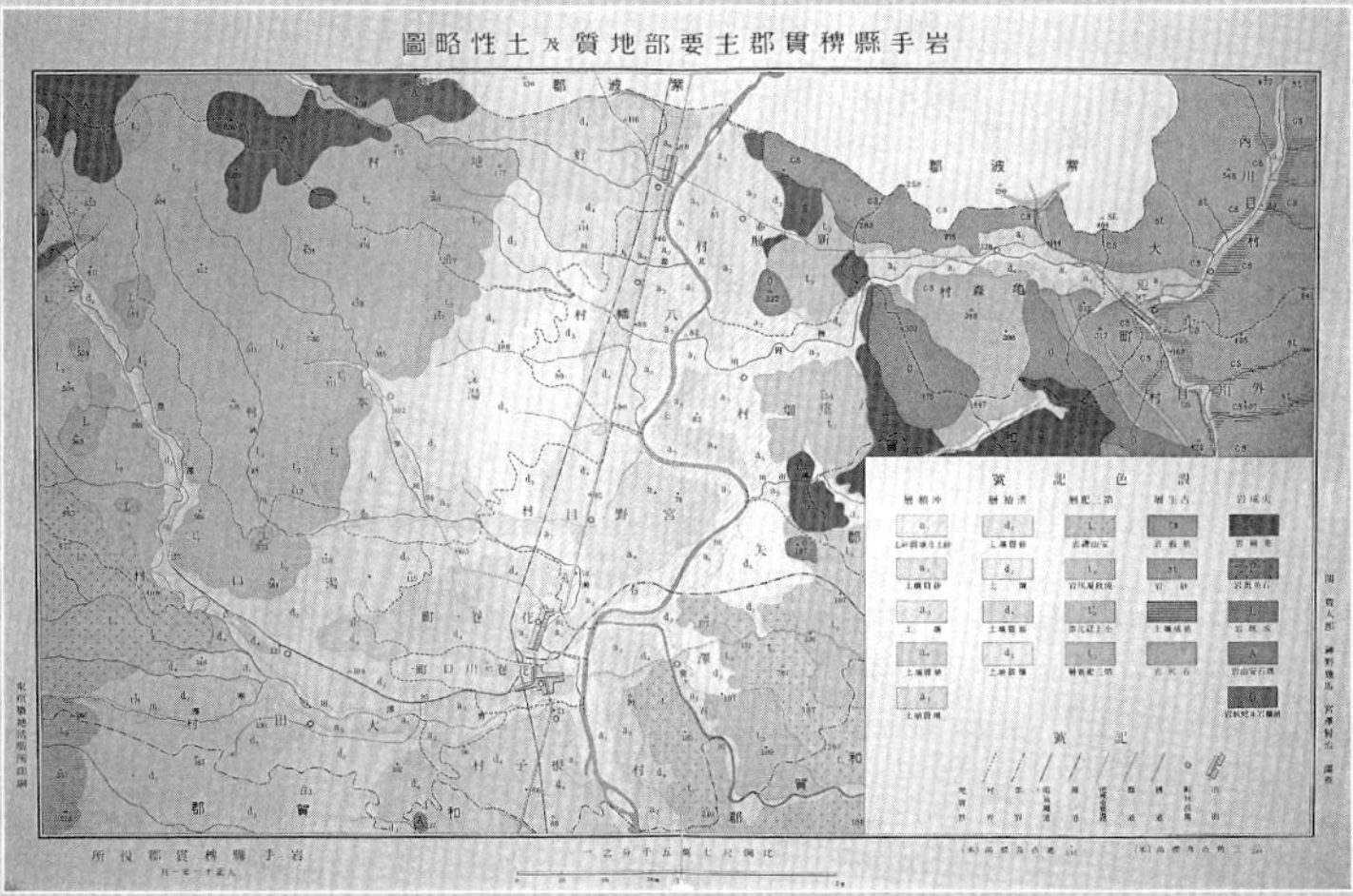

研究科在籍中の大正7年5月～9年12月、調査に従事、11年1月関豊太郎名で公刊。（75000分の1）

◉出典►ともに『新校本　宮澤賢治全集　第14巻　雑纂　本文篇』（筑摩書房）

凡例

【本文——加藤碩一】

鉱物にまつわる宮澤賢治作品の紹介を加藤碩一が執筆しました。鉱物名は賢治作品に準じます。すなわち、明治～大正期の地質学知識に基づくもので、現在とは異なることがあります。賢治作品からの引用は、『新校本　宮澤賢治全集』(筑摩書房)に準じました。脚注には、地質学史上の人物の説明、本文で引用した以外の作品例、本文の補足などを記述しました。

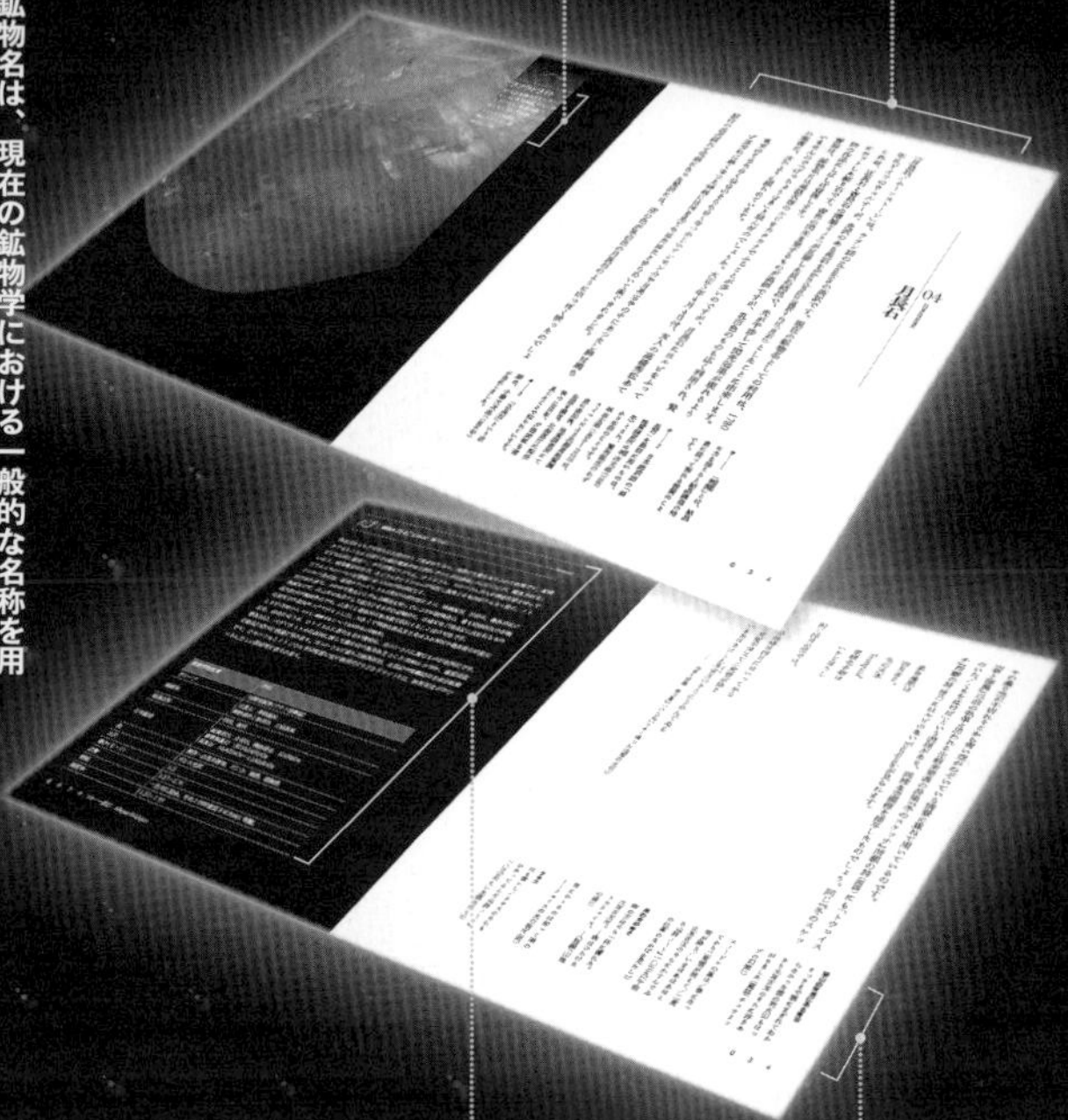

【解説・写真——青木正博】

鉱物学的解説を青木正博が執筆しました。鉱物名は、現在の鉱物学における一般的な名称を用いました。そのため、賢治が用いた鉱物名の表記(ひらがな、カタカナ)とは異なる場合があります。写真キャプション末尾は、産地、標本サイズ、地質標本館登録番号(GSJ)の順です。

研ぎ澄まされた天河石天盤の半月——【春と修羅』所載「風の偏倚」】

その清麗なサファイア風の惑星を
溶かさうとするあけがたのそら——【『春と修羅　第二集』所載「暁穹への嫉妬」】

深い鋼青から柔らかな桔梗、それからうるはしい天の瑠璃——【短編「柳沢」】

第1章 — 青い鉱物

賢治の心象にある青

多くの読み手が賢治をイメージする色として「青色」を挙げているように、「青」は賢治を語るときに特別な意味を持っています。例えば、吉本隆明の「宮沢賢治論(抄)」[★1]では、「宮沢賢治の深淵はつねに青い色を伴ってゐます　あらゆるものを除き去つたときの真実の人間的な色合と言ひませう」と述べ、賢治の本質に迫る色として取りあげています。吉本がそう指摘する具体的な作品が「イギリス海岸の歌」[★2]です。

一　Tertiary the younger Tertiary the younger
Tertiary the younger Mud-stone
あをじろ日破れ　あをじろ日破れ
あをじろ日破れに　おれのかげ

二　Tertiary the younger Tertiary the younger
Tertiary the younger Mud-stone
なみはあをざめ　支流はそそぎ
たしかにここは修羅のなぎさ

賢治作品の根底をなすキーワード「修羅」と「青」がともに詠い込まれていることは象徴的です。

★──1　吉本隆明『初期ノート増補版』(試行出版部／1970年刊、光文社文庫／2006年刊)収録。「「イギリス海岸の歌」はまぎれもなくこの決定的な冷たい青色を伴って来ます　恐らくは彼の宗教的諦念の深さが無形のまま反映して来るのです」

★──2　「イギリス海岸」は、花巻町小舟渡付近の北上川沿岸に賢治がつけた愛称。Tertiary(ターシャリー)は地質時代の新生代第三紀(約6550万〜260万年前)のこと。賢治は「イギリス海岸」に分布する泥岩を、第三紀の新しい地層と考えていました。

01 トルコ石

turquoise

空のさまざまな青さを表現するのに、賢治は鉱物の青さ（緑色を含む）★1を用いて印象をふくらませています。青系統の鉱物として最も多用されているのが、いわゆる「トルコ石／ターコイズ turquoise」です。美しい青色のため古くから飾り石として使われてきました。トルコが主産地というわけではなく、ペルシャ産のものがトルコ経由でヨーロッパに伝わったため「トルコ石」と命名されたものです。賢治はこのトルコ石を、アルファベット、カタカナ、漢字など、語感・視覚・聴覚面を考慮して、さまざまな表記を使い分けています。

賢治が盛岡高等農林学校三年時に校友らと創刊した文芸同人誌『アザリア　三輯《しゅう》』には、次のような歌があります。

あかりまど仰げば空はTorquoisの板もて張られその継目ひかれり

——（「窓」三首のうちの一首）★2

後に、これを推敲再編した短歌では、

★——1　青色と緑色
日本語では「青」と「緑」は混用されます。というのは、色名の古い歴史では、明（あか）・顕（しろ）・暗（くろ）・漠（あお）しか区分がなかった時代があり、緑系統の色は「漠」に包含され、総括的に「あお」と称されてきたからです。実際、私たちの日常生活でも交通信号の「青」は「緑色」で表されていました（最近では青っぽくなってきましたが）。鉱物の青色の表現にも同様なあいまいさがあります。

★——2　Torquois
正しい綴りはTurquoiseですが、賢治は意図的にか誤記かわかりませんが、Torquois、Tourquoisを多用しました。

あかり窓
仰げばそらはTourquoisの
板もて張られ
その継目光れり。

――――（『歌稿B』五七五）

となります。To(u)rquoisにはルビがふられていますが、前者では「トーコイス」、後者では「ターキス」とあり、正確な発音にとらわれず、作歌上で微妙な音感を推敲した様子がうかがえます。

ところで「その（トルコ石の）継目」とは何でしょうか？

賢治の最初の詩集で、生前に発表された『心象スケッチ　春と修羅』（大正13年／1924）所載の「丘の眩惑」にも似た表現があります。

野はらのはてはシベリヤの天末《まつ》
土耳古玉製玲瓏《ぎょくせいれいらう》のつぎ目も光り
（お日さまは
そらの遠くで白い火を
どしどしお焚きなさいます）

トルコ石は、堆積岩中に網目状に産出する場合があり、「空の継ぎ目」という賢治独自の表現に活かされています。つまり、暗色の地の堆積岩中に青いトルコ石の鉱脈が網目状に走るさまを、暗いシベリ

その他の作品例――

土耳古玉

……そらは　みがいた　土耳古玉　と歌ひますと　雨がぴたりとやみました。おしまひの二つぶばかりのダイアモンドがそのみがかれた土耳古玉のそらからきらきらっと光って落ちました（童話「十力の金剛石」）

密林のひまより碧きそらや見し明きこゝろのトルコ玉かな。（大正5年、友人の保阪嘉内にあてた封緘葉書の中で、在京中に詠んだ短歌の一首）

01-1

トルコ石

小粒の芋のような形に分離

ヤの曇り空が千切れそこから青い空がのぞいている情景に重ねて用いているのです。

『春と修羅』以前の執筆と思われる生前未発表の詩集『冬のスケッチ』所載の詩（四四）にも「トウコイスのいた／くもをはけば」という表現があり、同様な空模様を描写したものでしょう。同じ『冬のスケッチ』所載の詩（四六）にはルビのないTourquoisが見られます。

黒き堆肥は
四月なり。
北の天末
Tourquois。
硝酸化合物は
いきどほろし

同じく四月の空では、

早池峰は四月にはいってから
二度雪が消えて二度雪が降り
いまあはあはと土耳古玉《タキス》のそらにうかんでゐる

——（『春と修羅　第三集』一〇三九〔うすく濁った浅葱の水が〕）

雪山の背景にある青空

さっきまで雲にまぎれてわからなかった雪の死火山もはっきり土耳古玉のそらに浮きあがりました（童話「チュウリップの幻術」）

スノードンの峯は／春になってから二度雪が消えて／二度雪が降り／いまはあはあはと土耳古玉のそらにかすんでゐる（『詩ノート』一〇三九〔午前の仕事のなかばを充たし〕）

南の空の青さ

南の方はそら一杯に霽れた。土耳古玉だ。…南はひらけたトウクォイス、…（短編「山地の稜」）

気にかゝるのは却って南のトークォイスの光の板だ（同）

タキス

川も青いし／タキスのそらもひかってるんだ（『詩ノート』一〇三五〔えい木偶のぼう〕）

こうしてみると、トルコ石は雪や北、冬の空の描写に多用されることがわかります。もちろんそれだけではなく、南の空や松林から見える空の描写も見られ、その表記もさまざまです。

遠い南の土耳古玉《トウクォイス》の天末《てんまつ》を望まう

——（〔蒼冷と純黒〕）

あはれきみがまなざしのはて
むくつけき
松の林と土耳古玉の天と

——（『歌稿B』七一〇b・七一一）

……タキスの天に
ぎざぎざに立つ
そのまっ青な鋸を見よ……

——（「装景手記」）

このように青空の比喩は多岐にわたり、ことに晩年の詩『東京』所載の「高架線」では「タキスのそら」が八回も用いられているほどです。よほどその青さに魅せられていたのでしょう。

そしてうしろがあのかゞやかなタキスの天と（『三原三部』の第二部）

あはれ土耳古玉《タキス》のそらのいろ、かしこいづれの天なるや（『文語詩稿　一百篇』〔けむりは時に丘丘の〕）

「**高架線**」
羊のごとくいと臆病な眼をして／タキスのそらにひとり立つひと／……車体の軋みは六〇〇〇を超え／方尖赤き屋根をも過ぎる……／タキスのそらに／タキスのそらに／タキスのそらに／酸化礬土と酸水素焔にてつくりたる／紅きルビーのひとかけを／ごく大切に手にはめて／タキスのそらのそのしたを／羊のごときやさしき眼してひとり立つひと（後略）

01-2

トルコ石脈

変質した岩石中の割れ目に沿って流下した雨水が、割れ目を埋めるようにトルコ石を沈殿したことがわかります。岩石の褐色のシミは含水酸化鉄(鉄さびと同じ)です。

- 米国アリゾナ州キングマン鉱山産
- 左右4cm×7cm
- GSJ M37231

01 | 解説●トルコ石 ……［turquoise］

トルコ石と人間のつきあいは長いものです。BC5000年のメソポタミア文明には、すでに装飾用のビーズに加工されていた形跡があります。古代エジプト時代には、シナイ半島で採掘され、装身具として珍重されました。その後、ペルシャ、インド、そして中米、アメリカと、その利用は、文明の進展とともに拡大してきたようです。トルコ石の魅力は、なんといってもその色にあります。明るい空色から、濃い緑まで色調の幅が広く、酸化鉄の染み込みによって、網目状に黒〜褐色のスジが入ることもあります。均質で大きな塊はほとんどありません。

トルコ石はなぜかくも細粒なのでしょうか?　なぜ酸化鉄の染み込みがあるのでしょうか?　なぜ鉱山技術の発達していない古代人が利用できたのでしょうか?　その理由はたった一つです。トルコ石は、銅を含んだ岩石を浸透する雨水によって、地下浅いところにできるものが多いからです。できる場所が地表付近なので、人々の目に触れやすかったし手掘ができたのです。トルコ石は、銅とアルミニウムの含水リン酸塩鉱物で、その生成には、銅とアルミニウム、そしてリン酸イオンが必須の成分です。その条件が整う場所の一つが、銅鉱床の酸化帯です。これは雨や空気と触れることによって、岩石中の鉱物が、酸素、炭酸ガス、水などと化学反応して、含水鉱物に変わるプロセスのことです。例えば、地下深部でできた黄銅鉱［$CuFeS_2$］を含む鉱脈が地表に露出すると、黄銅鉱は分解して銅イオン、鉄イオンと硫酸を生じます。硫酸を含んだ水は地下に浸透し、燐灰石［$Ca_5(PO_4)_3(OH,F)$］と反応してリン酸イオンを溶かし出し、カリ長石［$KAlSi_3O_8$］や白雲母［$KAl_2(AlSi_4O_{10})(OH)_2$］と反応してアルミニウムを溶かし出します。その溶液が岩盤中を流れ下るときに酸の中和が進み、あるいは、乾燥地域なら水が蒸発することで溶液の濃度が高まり、銅、アルミニウム、リン酸を含むトルコ石ができるのです。結晶構造中でアルミニウムの位置に鉄が入るにつれ、トルコ石の色調はスカイブルーから青緑色へとシフトします。トルコ石は多孔質だったりひびわれだらけのことがあり、そこに鉄を含む水が染み込めば、黒や褐色のスジが刻まれることは容易に想像できます。

鉱物学的性質	トルコ石
グループ	リン酸塩鉱物
結晶系	三斜晶系
結晶の形	独自の結晶形を示さず微細結晶の集合体として産出
化学組成	$CuAl_6(PO_4)_4(OH)_8 \cdot 4H_2O$
色	水色〜青緑色
硬さ（モース）	5-6（ガラスよりわずかに軟らかい）
比重	2.6-2.9
断口	貝殻状
屈折率	1.61-1.65

02

天河石

amazonite/amazon stone

もうひとつよく使われる緑がかった青色の鉱物が、「天河石《てんがせき》」です。英語名はアマゾナイトamazoniteとアマゾンストーンamazon stoneという二通りの呼び方がありますが、賢治は「アマゾン　ストーン」とルビをふっています。最初にブラジルのアマゾンにちなんで命名されたということですが、現在の主産地はインド、ロシア、米国などです。空の青さなどを表現するのに、トルコ石と同様にしばしば用いています。

　研ぎ澄まされた天河石天盤の半月
すべてこんなに錯綜した雲やそらの景観が
すきとほつて巨大な過去になる

——（『春と修羅』所載の「風の偏倚」）

「天盤」は「天空」の比喩的表現で、同じ詩の他の個所にも「天盤附属の氷片の雲」とあります。賢治はこの他にも「天椀」「天蓋」などとも言い表しています。ここでは月の出た夜空を表現し、このような用い方は他にも見られます。

その他の作品例——

空の移り変わり

童話「インドラの網」では、「その空は早くも鋼青から天河石の板に変ってゐた」とあり、さらに「空は天河石からあやしい葡萄瑪瑙の板に変り」というように、空の移り変わりを描写する中に用いられています。

りんどうの花

童話「十力の金剛石」では、りんどうの花の表現にも見られます。

「りんだうの花は刻まれた天河石《アマゾンストン》と、打ち劈かれた天河石で組み上がり」

空がはれてそのみがかれた天河石の板の上を貴族風の月と紅い火星とが少しの〔軋〕りの声もなく滑って行く。
――（短編「うろこ雲」）

おまへは底びかりする北ぞらの
天河石《アマゾンストン》のところなんぞにうかびあがって
――（『春と修羅　第二集』三一七「善鬼呪禁」★1）

「善鬼呪禁」の他の行に「十三日のけぶった月のあかりには」という個所があることから、やはり月の出た夜空の色として用いていることがわかります。

ここで気づかされることは、「研ぎ澄まされた」「みがかれた」「底びかりする」という形容がつくことで、賢治は天河石標本の研磨面の色や輝きをイメージしていたようです。さらに『冬のスケッチ』（六）中の「おもかげ」では、

天河石《てんがせき》、心象《しんしやう》のそら
うるはしきときの
きみがかげのみ見え来《く》れば
せつなくてわれ泣けり。

という一節があり、賢治の重要なキーワード「心象」と「青（ここでは天河石の色）」がともに詠い込まれています。

「りんだうの花はツァリンとからだを曲げて、その天河石の花の盃を下の方へ向けました」

「ひかりしづかな天河石《アマゾンストン》のりんだう」

★――1　「善鬼呪禁」
大正14年雑誌「貌」創刊号に発表した「過労呪禁」を改題したもの。「過労呪禁」にも同じ表現があります。

22-1

天河石

カリ長石の典型的な結晶形を示す天河石。微細なスジは白い曹長石の帯です。茶色いスジは酸化鉄が沈着したヒビです。

- 米国コロラド州パイクス・ピーク産
- 結晶の高さ8.5cm
- GSJ M40640

02-2

天河石

天河石の切断面。研磨すると青緑色は深みを増し、曹長石の縞が鮮明に見えるようになります。

- 写真の左右長1.7cm
- GSJ M31510

02 | 解説●天河石 [amazonite]

天河石は、鉱物学的には微斜長石に分類され、そのうち青緑色のものを指して用いる俗称です。微斜長石自体は花崗岩の主成分鉱物であり、決して珍しい鉱物ではありません。花崗岩のあるところ微斜長石あり、国会議事堂に、東京都庁に、歩道の敷石に微斜長石ありです。

上部地殻を構成する元素は、多い方から酸素、珪素、アルミニウムと続き、8番目がカリウムです。微斜長石が、地殻中トップ3の元素を使って結晶のフレームをつくっていることを知れば、この鉱物がありふれていることに得心がゆきます。一方、大きく発達した自形結晶となると産出が限られ、もっぱら花崗岩ペグマタイトということになります。ペグマタイトはマグマが固結する最末期に水やフッ素、硼素などの揮発性成分が濃集した場所であり、水晶、カリ長石、雲母などの巨大結晶や、電気石、トパーズ、緑柱石などの宝石鉱物の宝庫です。

微斜長石は、通常は白色～クリーム色、ピンク～赤色で、天河石のような青緑は一般的ではありません。赤系統の着色は、微粒の赤鉄鉱［Fe_2O_3］に起因するものが多いようです。それでは、天河石のブルーの原因は何でしょうか?　長年の謎でしたが、微量の鉛が含まれていることが原因であることがわかりました。長石の結晶構造中でカリウムの位置に鉛が入り、その周りの化学結合のひずみが赤～橙色の可視光を吸収するために、全体として青く見えるのです。

色の濃いものでは、平行に走る明るいスジが明瞭に見られます。青い天河石の中にあって、このスジだけは純白を保っています。このスジは、曹長石［$NaAlSi_3O_8$］です。花崗岩マグマが固結してゆくとき、高温では、ナトリウムを含んだ均質なカリ長石が生成しますが、岩体の温度が下がってゆくにつれ、カリ長石は結晶の外形を保ったまま、ナトリウムに富んだ層（曹長石）と、カリウムに富んだ層（微斜長石）に分離します。分離組織は顕微鏡下でようやくわかる微細なものから、写真02-2のように肉眼でも明瞭なものまであります。スジがはっきり見えるということは、結晶中で元素が再配置される条件があったということ、言い換えると結晶が暖かいゆりかごの中で長期間保たれたことを物語っているのです。

鉱物学的性質	カリ長石
グループ	珪酸塩鉱物（テクト珪酸塩）
結晶系	三斜晶系
結晶の形	短柱状、板状
化学組成	$(K,Na)AlSi_3O_8$
色	白色～クリーム色、ピンク～赤褐色、淡青～青緑色
硬さ（モース）	6-6.5
比重	2.6
劈開	ほぼ直行する二つの方向に完全な劈開が発達する
屈折率	1.52-1.53

03 サファイア

sapphire

一般に青い宝石の代表といえば「サファイア」でしょう。中国では古くから「青玉」と呼ばれており、当時の必読書で賢治も所蔵していた佐藤傳藏著『大鑛物學』[★1]でも、「サファイア（青玉）」と記述されています。鋼玉（コランダム）のうちチタン等を含むため青くなっているものをいいます。

『春と修羅　第二集』所載「暁穹への嫉妬」（大正14年）冒頭には次のように表現されています。

薔薇輝石や雪のエッセンスを集めて、
ひかりけだかくかゞやきながら
その清麗なサファイア風の惑星を
溶かさうとするあけがたのそら

賢治晩年の作「敗れし少年の歌へる」[★2]は、この詩を文語詩に改作したものです。

ひかりわななくあけぞらに

★——1　佐藤傳藏『大鑛物學』（六盟館）
佐藤傳藏（1870—1928）は、東京高師教授、東大講師を経て地質調査所入所。地質・温泉・火山・珪藻土等の調査に従事。本書は、大正2年（1913）に上巻（660p.）、大正4年に中巻（298p.）、そして大正7年に下巻（418p.）が刊行されました。盛岡高等農林学校蔵書として上巻4部、中巻2部、下巻2部が現存しています。鉱物通論として、結晶学、鉱物理学、鉱物化学、分類・命名法などの基礎から、網羅的な鉱物の各論に至る包括的な記述には現在でも通じるものが少なくありません。賢治は本書に引用されている洋書まで購入しています。

★——2　いわゆる『文語詩未定稿』の一つ。賢治は晩年に文語詩を多作し、『文語詩稿　五十篇』『文語詩稿　一百篇』としてまとめていました。

03-1

サファイア

変成岩中に成長したサファイア。樽型の六角柱はコランダムの特徴です。変成岩中の大型結晶には包有物が多く、透明感に優れたものは稀です。

- マダガスカル　アントシラバ産
- 長さ7.2cm×径2.4cm
- GSJ M40252

03-2

サファイア

花崗岩周辺脈に産出したサファイア。六角の鱗片状結晶が重なっています。花崗岩から絞り出された流体によって、カリ長石、白雲母、紅柱石とともに生成しました。小粒ながら形と色が美しいことで有名。

●岐阜県中津川市　薬研山産
●径約5mm
●GSJ M1148

清麗サフィアのさまなして
きみにたぐへるかの惑星《ほし》の
いま融け行くぞかなしけれ

この「サフィア」は当然「サファイア」のことで、賢治特有のリズム感重視から来る省略形でしょう。惑星《ほし》の青さをサファイアの青で表現しています。

サファイアは青い鉱物粒自体としてもしばしば登場します。中でも童話「銀河鉄道の夜」のアルビレオ観測所の描写が有名です。

その一つの平屋根の上に、目もさめるやうな、青宝石と黄玉の大きな二つのすきとほった球が、輪になってしづかにくるくるとまはってゐました。

鉱物童話として知られる「十力の金剛石」では、ひでり雨としてダイヤモンドやトパーズとともに空から降ってきます。文中の言葉どおりまさに「おゝ、その雨がどんなにきらびやかなまぶしいものだったでせう」。また、童話「インドラの網」では「青宝玉の尖った粒」と表現されています。

その桔梗いろの冷たい天盤には金剛石の劈開片や青宝玉の尖った粒やあるひはまるでけむりの草のたねほどの黄水晶のかけらまでごく精巧のピンセットできちんとひろはれきれいにちりばめられそれはめいめい勝手に呼吸し勝手にぷりぷりふるえました。

この他、専用の詩稿用紙に書かれた文語詩百二篇は『文語詩未定稿』と総称され、昭和4年から同8年頃の執筆とされています。

03 | 解説●サファイア [sapphire]

サファイアの属するコランダム(鋼玉)はアルミニウムの酸化物で、化学的に純粋な結晶は無色透明です。クロムの含有量がわずかだと、淡緑、黄色、茶色になり、クロムの量がもっと増えて0.02%程度になると濃い赤になり、チタンと鉄が入ると青くなります。中央が膨らんだ六角柱状の結晶(写真03-1)、あるいは六角板状の自形結晶をつくります。ダイヤモンドに次ぐ硬さを持ち、耐摩耗性に優れるため、精密機械の軸受けや研磨剤としても広く使われています。

酸化アルミニウムは地殻中にあまねく存在する成分で、大部分はシリカ(珪酸)と結びついて、カリ長石、斜長石などのアルミノ珪酸塩鉱物をつくっています。しかし、コランダムを含む岩石となると産出は限られます。例えば、シリカに乏しい閃長岩、アルミニウムに富んだ堆積岩を起源とする変成岩、石灰岩の接触変成岩、熱水性蝋石鉱床、アルカリ玄武岩、花崗岩ペグマタイトなどに含まれます。透明度が高く、しかも粒径が大きいものは稀ですが、アルカリ玄武岩や変成岩から分離したコランダムの中にしばしば宝石品質の結晶が見いだされます。

玄武岩がなぜコランダムを含んでいるのでしょうか?　地下深部から地表に吹き上げた玄武岩マグマが、上昇の途中でコランダムを含む変成岩を取り込み、地表に運び上げたと考えられています。高温の玄武岩マグマに取り込まれた変成岩は大部分がマグマに溶け込み同化されますが、融点が高い(2050℃)コランダムは、マグマの炎熱地獄を生き延びることができたのでしょう。この産状のサファイアの主産地はオーストラリア東部〜東南アジアにあります。

コランダムを含む岩石が地表で風雨にさらされると、主成分である長石や苦鉄質鉱物が分解し、岩石はもろくなり崩れてゆきます。化学的にも物理的にもタフなコランダムはここでも生き延び、風化土壌とともに川に入り、他の砂礫とぶつかりながら下流へと押し流されてゆきます。コランダムは比較的重いため、長石や石英などを主成分とする軽い岩石と分かれて、河床のどこかに濃集します。タイやスリランカでは、長年にわたりこの種の砂鉱床から宝石品質のサファイアを採取してきました。

鉱物学的性質	サファイア
グループ	酸化鉱物
結晶系	三方晶系
結晶の形	両端に向かってすぼまった六角柱状

04 ガスタルダイトとインデコライト

gastaldite & indicolite

……………きたわいな
つじうらはっけがきたわいな
オダルハコダテガスタルダイト、
ハコダテネムロインデコライト
マオカヨコハマ船燈みどり、
フナカハロモエ汽笛は八時
うんとそんきのはやわかり、
かいりくいっしょにわかります

このリズム感に富んだコミカルな一節は、『春と修羅　第二集』所載の「函館港春夜光景」にあります。「ガスタルダイト」と「インデコライト」とは何でしょうか？　ともに賢治研究家にとって長い間謎であり、「ガスタルダイトはコールタールのような灯り」という苦しまぎれの説も出ていました。しかし、これは鉱物学的に調べることで解決します。『英和和英　地學字彙』★1など当時の鉱物辞典には、「ガ

★——1　『英和和英　地學字彙』（東京地學協會／1914年刊／274p.）賢治の蔵書。

04-1

藍閃石片岩／ガスタルダイト

- 愛媛県新居浜市別子銅山通洞口産
- 写真の左右長約8cm
- GSJ M4748

スタルダイト Gastaldite」の項目があり、「藍閃石《らんせんせき》に同じ」とされています。イタリアの鉱物・地質学者ガスタルディ[★2]の名にちなんで命名され、日本でも一部で「ガスタルヂ石」「ガスタルダイト」の名称が取り入れられました。しかし、今では死語になっているため馴染みがありません。

一般的に藍閃石は、グロウコフェンglaucophaneと呼ばれます。ギリシャ語のglaukos(青い)とphanesまたはphainesthai(〜にみえる)からの合成語で、1845年にドイツのハウスマン[★3]が命名しました。この和訳を「藍閃石」としたのは、小藤文次郎・神保小虎・松島鉦四郎の『英独和対訳　鉱物字彙』[★4]です。「藍」を冠したのも、野外でも目立つほどの特有の暗紫青色をなしているからでしょう。藍閃石については、『大鑛物學』に「伊勢二見ヶ浦中には顕微鏡的に多量の藍閃石を含めり」という記述があります。賢治自身、二見ヶ浦で緑泥片岩を採集し標本として残していますので、藍閃石を意識していたはずです。とはいうものの、『大鑛物學』でも、盛岡高等農林学校所蔵の標本(以下、教室標本[★5])でも「藍閃石Glaucophane」と記載され、「ガスタルダイト」はありません。

なぜ賢治は当時でもあまり用いられなかった「ガスタルダイト」と記したのでしょうか？　おそらくリズム感を重視したと推測できます。「オダル　ハコダテ　ガスタルダイト」を「オダル　ハコダテ　グロウコフェン」としてはさまになりません。もちろん、鉱物・化石・岩石名の語尾によく用いられる「アイト -ite」が、灯りのlightを連想させることも大きかったでしょう。

もう一方の「インデコライト」も、鉱物学では「藍電気石／リチア電気石」を指します。青色〜藍色または帯青黒色の電気石で、綺麗なものは宝石に準じて取り扱われています。賢治は『春と修羅　第二集補遺』所載の〔おれはいままで〕の中で、「藍燈」という造語を示しています。これは「ガスタルダイト＝藍閃石」「インデコライト＝藍電気石」の「藍」と「light」の結びつきを改めて想起させます。

★―2　ガスタルディ　Gastaldi,Bartolomeo（1819―1879）　幅広い分野で活躍し、地質分野ではアルプス山麓の五万分の一地質図作成や鉱物・化石の研究などに従事。

★―3　ハウスマン　Hausmann,J.F.L（1782―1859）　ドイツ・ゲッティンゲン大学の鉱物学教授。マンガン鉱物の一種である「ハウスマン鉱」は、彼の名にちなんで命名。

★―4　『英独和対訳　鉱物字彙』(丸善／1890年刊)

★―5　教室標本　賢治の恩師、関豊太郎教授がドイツ留学中に購入したクランツ社製鉱物標本75種をはじめ、京都島津製作所製90種＋180種など、当時の最先端の標本を所蔵しました。ちなみに現在は岩手大学農業教育資料館に保管されています。

04 | 解説●藍閃石 ……[gastaldite/glaucophane]

藍閃石は、角閃石と呼ばれる珪酸塩鉱物の1グループに属します。角閃石は、シリカ四面体が直線的に連結した鎖状の基本構造を持っており、そのために細長い結晶をつくります。角閃石のグループには、リーベック閃石(青石綿)や、軟玉の主成分である透閃石、緑閃石も含まれます。細長い結晶をつくるがゆえに、リーベック閃石は鉱物繊維《アスベスト》として利用されたのであり、軟玉のタフさも長い繊維が絡み合っているおかげです。

藍閃石を含む変成岩は、種々の堆積岩や玄武岩が、比較的低温で高い圧力を受けたときに生成します。強いストレスのために、藍閃石片岩は波打ち、剥離しやすくなっています。色調も暗く見かけは渋いのですが、その背後には地球の物質大循環という波瀾万丈が隠されています。

地球の中心は6000℃の高温状態にあり、地下から地表へと熱が流れています。逆に、地表から地下深くに向かって進むと、低温低圧から高温高圧に変わってゆきます。その全体的なトレンドからすれば、藍閃石ができるために必要な低温高圧の環境はむしろ特殊なのです。

地球表面は、十数枚のプレートで覆われており、プレートは相対運動をしています。重い海洋プレートと軽い大陸プレートが衝突するところでは、海洋プレートが大陸プレートの下へと潜り込んでゆきます。冷たくて水を含んだ海洋プレートが、熱く圧力の高い地球の内部へと沈み込んでゆくとき、沈み込むプレート沿いに藍閃石の生成に適した条件ができます。熱的な平衡に達するよりも沈み込みが速いために、圧力が高い割に温度が低い条件ができるのです。沈み込む海洋プレートとともに引きずり込まれた海底の堆積物のうち、最低でも地下20km以上の深さに達してから地表に戻ったものが、藍閃石片岩となっているのです。中央構造線の南側に沿って帯状に分布する藍閃石片岩は、エベレスト山の2倍以上の垂直高度差をせり上がった勘定です。

鉱物学的性質	藍閃石
グループ	珪酸塩鉱物
結晶系	単斜晶系
結晶の形	柱状、板状
化学組成	$Na_2Mg_3Al_2Si_8O_{22}(OH)_2$
色	青灰色～黒色
光沢	ガラス光沢～真珠光沢
硬さ(モース)	6
比重	3.2－3.5
劈開	明瞭
屈折率	1.62－1.63

04-2·3

リチア電気石／インディコライト

［下／04-2］花崗岩ペグマタイト中に生成したリチア電気石。石英（灰色）、白雲母（帯緑色鱗片状）、曹長石（白色葉片状）をともないます。

- 茨城県常陸太田市里美妙見山産
- 写真の左右長4.5cm
- 地質標本館収蔵

［右／04-3］ファセットカットされたインディコライト。

- ブラジル産
- 長辺が8mm
- GSJ M31439

電気石は硼珪酸塩鉱物の一種で、化学組成の変化に応じて、無色、白、黒の無彩色から、赤、橙、黄、緑、青、藍、紫のレインボウカラーまで、ありとあらゆる色調が現れます。電気石はあまりにも幅の広い化学組成を持つため、便宜的に、$[WX_3Y_6(BO_3)_3Si_6O_{18}(O,OH,F)_4]$という一般式で組成を表します。ここで、W、X、Yは元素記号ではなく、それぞれ一群の元素を表しています。実際には、WにCa(カルシウム)、K(カリウム)、Na(ナトリウム)が、XにはAl(アルミニウム)、Fe^{3+}(鉄3+)、Fe^{2+}(鉄2+)、Li(リチウム)、Mg(マグネシウム)、Mn^{2+}(マンガン2+)などが、そしてYにはAl、Cr^{3+}(クロム3+)、Fe^{3+}、V^{3+}(バナジウム3+)が入ります。 式の後半部分は硼珪酸塩としての電気石の骨格にあたる部分です。これを《大家》あるいは《集合住宅》に喩えるなら、W、X、Yに収まったイオンは《入居者》ということになるでしょうか。電気石が成長するときに周囲に漂っていたイオンが入居のチャンスを得ます。

インディコライトと呼ばれている電気石は、鉱物名でいえばリチア電気石(Xの位置を主としてLiとAlが占めている)がほとんどです。結晶中に少量の鉄(2+)と鉄(3+)が含まれる場合に濃い青色が生まれ、そのうち透明でひびのない結晶は宝石として珍重されています。電気石は見る方向によって色調がかなり異なるため、カットにあたっては慎重に結晶方位を選んでいます。

リチア電気石がもっぱら花崗岩ペグマタイトから産出するのは、花崗岩マグマの固結時に絞り出される流体中に硼素とリチウムが濃集するためだと考えられています。

鉱物学的性質	リチア電気石
グループ	珪酸塩鉱物
結晶系	三方晶系
結晶の形	外に膨らんだ三角柱状
化学組成	$Na(Li, Al)[(BO_3)_3Si_6O_{18}(OH)_4]$
色	紅、ピンク、黄、緑、青、藍、無色
光沢	ガラス光沢
硬さ(モース)	7
比重	3.02
劈開	なし
断口	貝殻状
屈折率	1.61－1.63

05
chrysocolla
硅孔雀石

「硅孔雀石《けいくじゃくせき》★1」の英名「クリソコラ chrysocolla」は、ギリシャ語で「金」を意味するchrysosと、「にかわ」のkolaに由来します。淡青~青色が主ですが、不純物によって褐色~黒色を示します。賢治が学んだ教室標本には、鮮やかなスカイブルーの標本が残されています。作品では童話「十力の金剛石」に、美しい表現があります。

りんだうの花は刻まれた天河石《アマゾンストン》と、打ち劈かれた天河石で組み上がり、その葉はなめらかな硅孔雀石《クリソコラ》で出来てゐました。

同じような緑の葉の比喩は、『春と修羅　第二集』〔北上川は熒気をながしィ〕の下書稿「夏幻想」の推敲過程で、「硅孔雀石《クリソコラ》の葉をさんさんと鳴らす」があります。次のような例もあります。

幾列飾る硅孔雀石の杉の木や　――(『東京』「浮世絵展覧会印象」)

若杉のほずゑのchrysocollaを見れば　――(『春と修羅　第三集』〔青いけむりで唐黍を焼き〕)

★――1　賢治の時代は「硅孔雀石」と書き表しましたが、現在は「硅」に代わり「珪」の字をあてます。

05 | 解説●珪孔雀石 [chrysocolla]

珪孔雀石は銅とアルミニウムの含水珪酸塩鉱物です。その美しい緑色〜青色の色調ゆえに、銅の鉱石としてよりも、飾り石として親しまれてきました。結晶度が低く不均一でもあるため、鉱物としては一人前扱いされておらず、オパールと並んで準鉱物に分類されています。非晶質に近いのですが、加熱すると多少結晶化が進みSi_4O_{10}層を基本単位とする層状珪酸塩の性質を示すようになります。

銅鉱床酸化帯に二次鉱物として産出し、葡萄状、鍾乳状、皮殻状の集合体をつくり、あるいは脈を充たした塊状で現れ、しばしば孔雀石、藍銅鉱、赤銅鉱、褐鉄鉱、石英等をともないます。珍しい鉱物ではなく、日本にも多くの産地が知られています。

純粋な珪孔雀石は、モース硬度が2-4と大変に軟らかく、また砕けやすいなど、宝石としての基本条件を備えていません。

しかし、石英、玉髄、オパールと密雑しているものは硬く粘り強い物性を持つため、カボッションに磨かれることがあります。色調や産出状態はトルコ石によく似ています。そのため、より高価なトルコ石の代替物にもなります。米国のアリゾナ、ユタ、ニューメキシコ、ペンシルバニアの各州、イスラエル、コンゴ、チリ、英国のコーンウオールからは、装飾品に適した美しい珪孔雀石が産出しています。

鉱物学的性質	珪孔雀石
グループ	珪酸塩鉱物
結晶系	斜方晶系
結晶の形	ほとんど結晶形を示さず、皮殻状、葡萄状、鍾乳状、塊状で産出
化学組成	$(Cu,Al)_2H_2Si_2O_5(OH)_4 \cdot nH_2O$
色	青色、青緑、緑色
光沢	ガラス光沢〜土状光沢
硬さ(モース)	2-4
比重	1.9-2.4
劈開	なし
断口	不規則
屈折率	1.46-1.57

05-1

珪孔雀石

暗褐色の酸化鉄のすき間に、スカイブルーの葡萄状集合体として産する珪孔雀石。

- チリ産
- 写真の天地約7cm
- GSJ M35905

25-2

珪孔雀石

砂岩の割れ目に沿って沈着した玉髄質の珪孔雀石。

- イスラエル　ティムラ産
- 写真の左右長約7cm
- GSJ M14482

06 天青石と藍銅鉱

celestite & azurite

「天青石」は、無色~淡青・白・赤・緑・褐色などさまざまな色を示しますが、典型的なものは空色であるため、英名「セレスタイト celestite」はcelestial（空の）から命名されました。淡い色のせいか、賢治作品中で川水の青色の表現に用いられています。『文語詩稿　五十篇』所載の「流氷《ザエ》」が有名です。

見はるかす段丘の雪、　なめらかに川はうねりて、
天青石まぎらふ水は、　百千の流氷《ザエ》を載せたり。

ここで「天青石」になぜか「アヅライト」とルビをふっています。これが「アズライト azurite」のことなら「藍銅鉱《らんどうこう》」のことです。藍銅鉱は藍青色の鉱物ですから、天青石とは別物です。どちらかが賢治の誤記でしょう。もちろん「アズライト」と正しくルビをふっている作品もあります。

海面は朝の炭酸のためにすつかり銹びた
緑青《ろくせう》のところもあれば藍銅鉱《アズライト》のところもある

――（『春と修羅』所載「オホーツク挽歌」）

アズライトのルビのある藍銅鉱

『文語詩稿　一百篇』所載の「塔中秘事」下書稿推敲の過程に、「藍銅鉱《アズライト》　今日もかゞやき／はかなしや　天の湯気むら」とあり、いずれも水（蒸気）の表現に使っています。

06 | 解説●天青石 [celestite]

天青石はストロンチウムの硫酸塩鉱物です。澄んだ青空のように美しい結晶として産出することから、この名前がつきました。ただし、天青石の多くは無色〜白色です。

天青石は、岩塩、石膏、硬石膏、硫黄、方解石などとともに石灰質の堆積岩中に産出します(写真06-1)。米国エリー湖地方からは、さしわたし10mにも達する天青石の晶洞が発見されています。世界各国に産出する鉱物ですが、その中でもマダガスカル、メキシコ、イタリア、カナダ、米国産のものは、美しさにおいて傑出しています。

日本では、島根県の鵜峠鉱山から、粘土中の脈を満たして、淡青色繊維状の天青石が産出しました。これは、海底の熱水作用でできたものです(写真06-2)。

ストロンチウムは、地殻中で15番目に多い元素で、その平均濃度は0.034%です。その主たる元素原料鉱物となるのが天青石であり、中国、スペイン、メキシコ、トルコなどで採掘されています。ストロンチウムはブラウン管テレビからのX線放射を軽減するために、ガラスに10%程度混入していました。花火の赤い色を出すためにも使われています。

天青石と同じ結晶構造で、ストロンチウムの代わりにバリウムを含んだ鉱物《重晶石》は、レントゲン撮影の造影剤などとして利用されています。

鉱物学的性質	天青石
グループ	硫酸塩鉱物
結晶系	斜方晶系
結晶の形	柱状、板状
化学組成	$SrSO_4$
色	無色、白色、淡青色、褐色、緑色
光沢	ガラス光沢
硬さ(モース)	3-3.5
比重	3.9-4.0
劈開	完全
屈折率	1.62-1.63

06-1

天青石

堆積岩中に中空ボール状の塊を作って産出した天青石。色調は無色のものも淡青色のものもあります。

- マダガスカル　マハジュンガ産
- 写真の左右長約10cm
- GSJ M40358

06-2

天青石

繊維状の天青石。

- 島根県簸川郡大社町鵜峠鉱山産
- 写真の左右長約9cm
- GSJ M40356

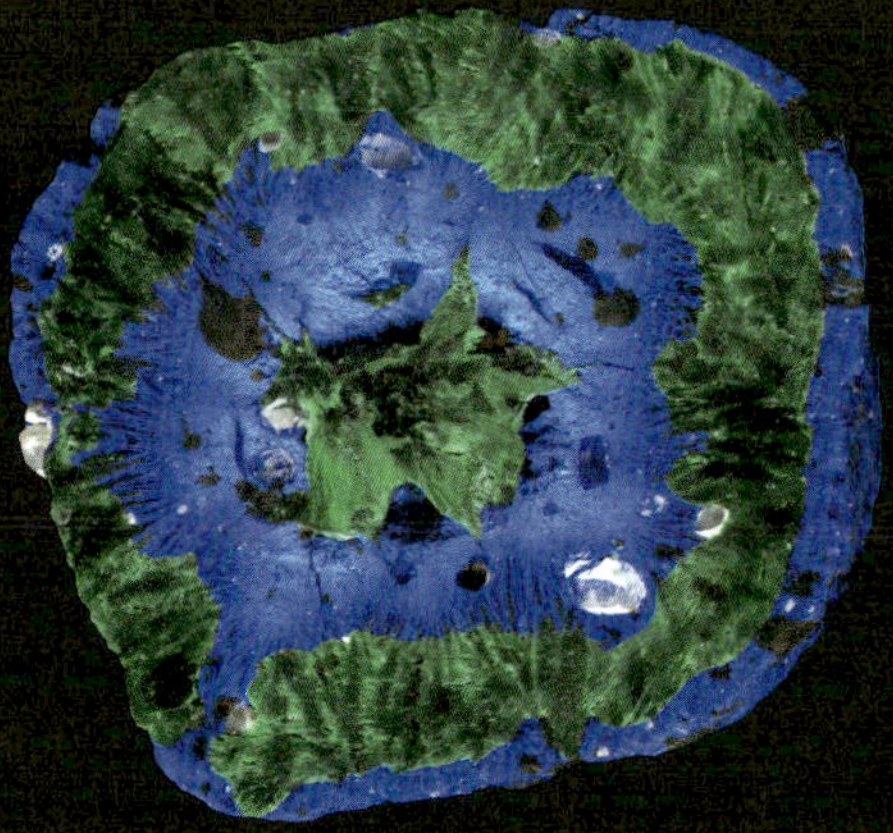

06–3·4

藍銅鉱

[上／06-3] 銅鉱床の酸化帯で、褐鉄鉱（赤褐色）の空隙に成長した藍銅鉱（濃青色）の柱状結晶。孔雀石（緑色）、菱亜鉛鉱（白色）をともないます。

- ●ナミビア　ツメブ鉱山産
- ●左右長6.5cm
- ●GSJ M40326

[下／06-4] 藍銅鉱と孔雀石の成層構造を持つノジュール。

- ●米国アリゾナ産
- ●径 2.5cm
- ●GSJ M32401

06 解説●藍銅鉱 [azurite]

藍銅鉱は比類のない深いブルーのゆえに、古くからよく知られた鉱物です。英名アズライトは、アラビア語の青を意味する語から派生した《azure》を起源としています。藍銅鉱の深いブルーは、遷移元素の銅を含んでいるためです。モース硬度は3.5-4と軟らかく、宝石には向きませんが、粉砕して顔料にするには好都合です。絵の具、布の染料として古くから利用されてきました。顔料として、弱点がないわけではありません。長い年月の間に、当初の鮮やかなブルーが褪色し暗緑色に変わってくるのです。それは、藍銅鉱が水を吸って二酸化炭素を放出し、孔雀石[$Cu_2CO_3(OH)_2$]に変化するためです。このことは、中世の絵描きにとっては恐怖の種でした。青く描いたはずの空が緑に変わってしまったのでは、後世、画家としてのセンスを疑われかねません。

褪色しない青色顔料であるウルトラマリンは産出が少なく極めて高価でしたから、藍銅鉱は青色顔料として次善の選択肢でした。必要なら、加熱することによって両者は簡単に識別できます。藍銅鉱は分解して二酸化炭素と水を放出し、黒い酸化銅に変わりますが、ウルトラマリンには変化がありません。

藍銅鉱は角柱状、板状の自形結晶のほか塊状、鍾乳状で、孔雀石とともに、銅の硫化物鉱床の地表部に生成されます。いずれも鮮やかな色調を持つため、銅鉱床探査のわかりやすい糸口ともなりました。質量ともに注目すべき藍銅鉱の産地として、米国ユタ州のレイサル鉱山、アリゾナ州のビズビー鉱山、ナミビアのツメブ鉱山(写真06-3)、そしてコンゴのコルウェジ鉱山等があげられます。

鉱物学的性質	藍銅鉱
グループ	炭酸塩鉱物
結晶系	単斜晶系
結晶の形	板状あるいは柱状で、きわめて多数の結晶面を見せることがある
化学組成	$Cu_3(CO_3)_2(OH)_2$
色	アズールブルー〜濃青色
光沢	ガラス光沢〜土状光沢
硬さ(モース)	3.5-4
比重	3.8
劈開	完全
断口	貝殻状
屈折率	1.73-1.84

07 瑠璃 lapis lazuli

「瑠璃」は、古来青色の宝石類を称し、アラビア語の青lazuliに由来した「ラピスラズリ lapis lazuli」の和名です。ラピスラズリは「ラズライト lazurite」の通称としても用いられますが、本来はラズライトを主要構成鉱物とする岩石を指します。『大鑛物學』では「青金石（瑠璃）Lapis Lazuli」と記述されています。賢治は「るり」「る璃」「瑠璃」「るりいろ」「るり色」というように、ひらがな、漢字を自在に組み合わせて文字の視覚的効果を重視しました。この瑠璃の濃い青に、西域の聖なる天空や土地をイメージしています。

須弥山の瑠璃のみそらに刻まれし大曼荼羅を仰ぐこの国

——（『歌稿A』七五七）

地平の青い膨らみも
徐々に平位を復するらしい
しかも国土の質たるや
それが瑠璃から成るにもせよ

——（『春と修羅　第二集補遺』「葱嶺《パミール》先生の散歩」）

その他の例——

西域の聖なる土地

大へんにいゝ天気でございます。修弥山の南側の瑠璃もまるですきとほるやうに見えます。（童話「四又の百合」）

お日さまは、さっさっさっと大きな呼吸を四五へんついてるり色をした山に入ってしまひました（童話「ひのきとひなげし」）

童話「十力の金剛石」では、色とりどりの宝石からなる草花や木が生えている場所を「もしその丘をつくる黒土をたづねるならば、それは緑青か瑠璃であったにちがひありません」

『春と修羅　第二集』所載「晴天恣意」には「碧瑠璃の天」という表現もなされています。次のように夜明け後の青く澄み渡った空の表現も印象的です。

　あけそむるそらはやさしきるりなれどわが身はけふも熱鳴りやまず　――（『歌稿A』六二〇）

　深い鋼青から柔らかな桔梗、それからうるはしい天の瑠璃　――（短編「柳沢」）

こうした空の比喩だけでなく、遠く青く浮かび上がる山や、湖や海の表現にも用いています。『春と修羅』所載「青森挽歌」は、妹トシの死を悼み、花巻から青森に向かう夜行列車に乗っている詩人（すなわち賢治）が「心象」を述べたものです。

　そこに碧い寂かな湖水の面をのぞみ…（中略）
　やがてはそれがおのづから研かれた
　天のる璃の地面と知つてこゝろわなゝき

続く「オホーツク挽歌」冒頭でも

　むかふの波のちゞれたあたりはずゐぶんひどい瑠〔璃〕液《るりえき》だ

ここでは瑠璃の青は深い悲しみをたたえています。

青空

そらがまっ青に晴れて、一枚の瑠璃のやうに見えました（童話「ビヂテリアン大祭」）

まなこをひらけば四月の風が／瑠璃のそらから崩れて来るし（『疾中』〔まなこをひらけば四月の風が〕）

07 | 解説・ラズライト……[lazurite]

ラピスラズリは、ラズライト、方ソーダ石[$Na_8Cl_2(AlSiO_4)_6$]、藍方石（アウィン）[$Na_3Ca(Si_3Al_3)O_{12}(SO_4)$]、黄鉄鉱[$FeS_2$]、方解石を含む岩石です。この中の主役がラズライトです。青いラピスラズリの基質に散点した真鍮色の黄鉄鉱は、あたかも満天の夜空にきらめく星を見るようです（写真07-2）。この鉱物が青金石の名称を持つことに得心がゆきます。

マグネシウム・鉄・アルミニウムのリン酸塩鉱物であるラズライト（Lazulite 天藍石）や、銅の炭酸塩鉱物のアズライト（藍銅鉱）とは、名前も色も似ていますが、ラズライト（Lazurite 青金石）の方はナトリウムのアルミノ珪酸塩鉱物です。結晶構造の一部を置き換えて陰イオンとして入っている硫黄が、青い着色の原因です。かなり色の濃いものでも、硫黄の含有率は0.7%程度といわれています。ラズライトは色が濃く、しかも砕けやすく、硬すぎないことから、粉砕して顔料として利用されてきました。顔料の名称「ウルトラマリン」は《海のかなた》を意味し、ラズライトが海を越えて遠隔地からヨーロッパに運ばれたことを物語っています。ラズライトと共存する方解石の比率が高くなるにつれて色調が薄くなり、顔料としての価値は下がります。

ラピスラズリはまた、象嵌、ビーズ、ペンダントなどの飾り石としても、数千年の歴史を持っています。例えば、古代エジプト時代、ツタンカーメンの黄金マスクにもラピスラズリの象嵌が施されています。今日では、フランスのピエールギルソン社により合成された人造ラピスラズリが流通しています。

ラピスラズリは、マグマの熱で再結晶した石灰岩の中に産出します（写真07-1）。アフガニスタン北部はヒンズークシ山脈の、標高3000m級の山岳地域で古代から採掘され、数千キロ離れたメソポタミア、エジプト、ローマへと運ばれました。バダクシャンはその産地の一つで、1990年代に入ってから、従来きわめて稀だったラズライトの自形結晶を多産したことで有名です。

鉱物学的性質	ラズライト
グループ	珪酸塩鉱物
結晶系	立方晶系
結晶の形	菱形12面体
化学組成	$(Na, Ca)_{7-8}(Al, Si)_{12}(O, S)_{24}[SO_4, Cl_2, (OH)_2]$
色	鮮やかな藍色、灰青色
光沢	ガラス光沢〜土状光沢
硬さ（モース）	5-5.5
比重	2.4
劈開	不明瞭
屈折率	1.5

に、方解石(白色)に埋まっています。
●アフガニスタン　バダクシャン産
●写真の左右長約5.5cm
●GSJ M6389

07-2

ラピスラズリ

ラピスラズリのカット標本。あたかも満天の星を見るようです。

- 米国アリゾナ産
- 写真の左右約1.5cm
- GSJ M31945

08 青瓊玉

aonutama

賢治独特の青の表現として「青瓊玉《あおぬたま》」があります。

「瓊」は「たま＝玉」のことで、「瓊玉」は重複した表現になります。「ぬ」の発音は「に」の原形とされ、例えば、「神代紀」に「天之瓊矛（あめのぬぼこ）」とあります。玉《ぎょく》は、一般に半透明で薄緑色の宝石（ヒスイなど）を意味しますが、「青瓊玉」とは何でしょうか？　青い玉髄《ぎょくずい》か碧玉《へきぎょく》の一種かとも思われますが、鉱物学的には特定できていません。

賢治作品では、『文語詩稿　一百篇』所載の「浮世絵」に次のような表現があります。

青瓊《ぬ》玉かゞやく天に、　れいらうの瞳をこらし、
これはこれ悪業乎《あくか》栄光乎《さかえか》、　かぎすます北〔斎〕の雪。

08 解説●青玉髄 [blue chalcedony]

青瓊玉の鉱物種は特定できていないということですが、ここでは青玉髄の説明をします。玉髄はきわめて細粒の石英でできています。灰白色、赤色、緑色のものに比べると、淡青色の玉髄は稀です。

細かな縞模様が明瞭に浮き出ている玉髄は瑪瑙と呼ばれます。玉髄も瑪瑙も、水晶とは違ってクリスタルガラスのような透明感はなく、ほとんどが乳灰白色です。それは、玉髄の中に進入した光が、微細な石英粒子の界面で反射して出てくるためです。乱反射が多ければ白っぽく、透過する光が多ければ奥ゆかしい灰色に見えます。

玉髄は、石英粒子の間に別種の鉱物を含んだり、石英の結晶格子の一部が別種のイオンによって置き換えられることによって、さまざまな色調を帯びます。緑色の粘土鉱物が入ると緑玉髄に、赤鉄鉱なら赤い碧玉に、含水酸化鉄が入ると黄褐色の碧玉になるという具合です。包有物質の量に比例して、透明感は低くなります。

ブルーレースアゲートとして知られているような、薄いブルーの玉髄(写真08-1)の場合は、微量の鉄イオンが含まれているため、あるいは、微細な包有物により短波長の可視光が散乱するために着色すると考えられています。

鉱物学的性質	玉髄(石英)
グループ	珪酸鉱物
結晶系	三方晶系
結晶の形	六角柱状〜三角柱状
化学組成	SiO_2
色	固体包有物の色調を反映
光沢	ガラス光沢
硬さ(モース)	7
比重	2.65
劈開	なし
断口	貝殻状
屈折率	1.55

青玉髄

ブルーレースアゲートの切断面。

●南西アフリカ産

●左右長1cm

●GSJ M32300

18-2

青玉髄

火山岩の割れ目を満たした青玉髄。

- 台湾　台東県成功鎮都蛮山地方産
- 左右長9cm
- GSJ M17309

09 藍晶石

kyanite

「藍晶石《らんしょうせき》」は、『大鑛物學』にも記載され、その特徴はなんといっても独特の青〜青灰色を示すことです。藍晶石の英語名「カイアナイト kyanite」は、ギリシャ語の暗青色 kyanos から命名されました。『大鑛物學』でも「藍晶石と称するは藍色を呈するに由る」と記されています。賢治も、当然その藍色を作品中で用いています。

例えば、童話「まなづるとダアリヤ」やその先駆形「連れて行かれたダアリヤ」では、

その黄金《きん》いろのまひるについで、藍晶石のさわやかな夜が参りました

と、夜の濃い青さを表現しています。また、短編「図書館幻想」下書稿の推敲過程に「日はしづか／屋根屋根に／藍晶石の粉がまかれ／つめたくもひるがへる天竺木綿／おれの崇敬も又照り返され。」とありましたが、最終的には削除されました。

童話「葡萄水」では、黒光りする葡萄の房の中に一つ二つある青い粒を、「それが半分すきとほり、青くて堅くて、藍晶石より奇麗です。」と表現しています。

藍晶石は透明感のある青い結晶をつくります(写真09-1)。ちなみに、その成分は至ってシンプル、珪素とアルミニウムの酸化物です。石英[SiO_2]とサファイア[Al_2O_3]を1対1の比率で足しあわせると藍晶石[Al_2SiO_5]になります。この鉱物の硬さは結晶の方向によって大きく異なるため二硬石の別名があります。他の鉱物も程度の差こそあれ結晶の方向によって異なった物性が現れますが、藍晶石の硬度の異方性は傑出しています。硬度の異方性が藍晶石を鑑定する際の判断基準となっているくらいです。

藍晶石は、粘土質の堆積岩が低温高圧条件で再結晶した広域変成岩中に含まれて産出します。日本では、関東から中部、近畿、四国を経て九州を横断する中央構造線に沿って分布する三波川変成帯などに出現します。藍晶石と同じ化学組成を持った鉱物種として、紅柱石と珪線石があります。これらは結晶構造の相違を反映して、密度が微妙に異なっています。密度が最も高い藍晶石は低温高圧で、密度が最も低い紅柱石は高温低圧で、そして中間的な密度を持つ珪線石は高温高圧の条件で安定します。藍晶石、紅柱石、珪線石の安定関係をもとに、それらを含む変成岩の温度圧力履歴を知ることができる理屈です。

藍晶石を大気圧下で加熱してゆくと、1100℃以上でムライト[$Al_6Si_2O_{13}$]とシリカガラスの混合物に変わります。ムライトは、3.11～3.26という比重が物語るように、藍晶石より密度の低い結晶構造を持っています。藍晶石はムライトの製造原料として重要です。ムライトは、耐熱性と電気絶縁性に優れているため、点火プラグや耐熱セラミクスに使われます。藍晶石は焼くときに体積が増えるため、高い精度が要求されるセラミクスの製造工程では、変形を抑えるために、加熱によって体積を減ずる物質と混合しています。

藍晶石の単結晶のうち透明で色調が濃いものは、カボッションやファセットにカットされ宝石としても利用されます。

鉱物学的性質	藍晶石
グループ	珪酸塩鉱物
結晶系	三斜晶系
結晶の形	板状または柱状、繊維状
化学組成	Al_2SiO_5
色	青、灰色、白色、緑色。着色はしばしば不均質。
硬さ(モース)	結晶の伸びの方向に沿って4.5、それと直角な方向では6.5-7
比重	3.56-3.67
劈開	一方向に完全、別の一方向に良好
屈折率	1.71-1.73

09-1

藍晶石

石英(淡褐色) 中に含まれた、長さ10cm以上の大型柱状結晶。青い着色は不均一です。

- ●ブラジル　ミナスジェライス州産
- ●左右長15cm
- ●GSJ M40481

釜石湾の一つぶ華奢なエメラルド
――【『春と修羅 第二集』所載「峠」】

おもては軟玉と銀のモナド
半月の噴いた瓦斯でいっぱいだ
――【『春と修羅』所載「青森挽歌」】

から松の芽の緑玉髄《クリソプレース》
――【「小岩井農場 パート七」】

第2章 ― 緑の鉱物

眼を愕かしたふしぎな緑

「緑（特に冴えた緑色Vivid Green）」は、大正3年（賢治18歳、盛岡中学卒業）の流行色でした。緑色という基準色が流行色に取り入れられた珍しい例です。緑色が最も顕著に表れた作品が、詩「小作調停官」です。

見給へ黒緑の鱗松や杉の森の間に／ぎっしりと気味の悪いほど
穂をだし粒をそろへた稲が／まだ油緑や橄欖緑や
あるひはむしろ藻のやうないろして
（中略）
いつもの郷里の八月と／まるで違った緑の種類の豊富なことに愕いた
それはおとなしいひわいろから
豆いろ乃至うすいピンクをさへ含んだ／あらゆる緑のステージで
画家は曾って感じたこともない／ふしぎな緑に眼を愕かした

黒緑、油緑、橄欖緑、藻のようないろ、ひわいろ、豆いろ…それこそさまざまな緑色が記述され、賢治の緑色への関心がうかがえます。

01 エメラルド
emerald

緑色の宝石の代表といえば「エメラルド／翠玉」です。濃緑色透明な「緑柱石（ベリル beryl）」で、その美しさゆえに、紀元前４千年頃から宝石として珍重されてきました。
賢治は木々の茂った島を表現するのに「一粒のエメラルド」や「緑柱石」と用いています。『春と修羅第二集』所載「峠」（大正14年）には

　黒い岬のこっちには
　釜石湾の一つぶ華奢なエメラルド
　　……そこでは叔父のこどもらが
　　　みなすくすくと育ってゐた…

これは、陸中国立公園・釜石湾内に浮かぶ緑豊かな小島を表しています。同様に、童話「風の又三郎」の初期形「風野又三郎」★1では、又三郎が上空から下を眺めた様子を、

★――1「風野又三郎」
大正13年2月以前の作、生前未発表。又三郎は転校生ではなく、風の神の子として村の子どもたちの前に現れます。

01-1

エメラルド

エメラルドは雲母片岩の基質中に生成し、ひびや包有物が多いのが普通です。これは、例外的に、変成岩を切る方解石脈に含まれて産出したもの。主たる変成作用より後に水溶液から沈殿したために、傷が少なく透明感に優れています。南米コロンビアのムゾは、宝石品質のエメラルドの生産地として有名です。

- コロンビア　ムゾ産
- 写真の左右長約6.5cm
- GSJ M40527

さっきの島などはまるで一粒の緑柱石のやうに見えて来るころは、……

と、語ります。

また、星の色の表現にも用いようとしました。『春と修羅　第二集』〔北いっぱいの星ぞらに〕での、「橙いろと緑との／花粉ぐらゐの小さな星が／互にさゝやきかはすがやうに」は、下書稿では「黄水晶とエメラルドとの／二つの星が婚約する」と記されていました。

さらに、詩「空明と傷痍」下書稿（大正13年）では、

　緑青いろの外套を着て
　しめった緑宝石の火をともし

このモチーフを発展させた『春と修羅　第二集』など所載の同名詩★2では、

　月賦で買った緑青いろの外套に
　しめったルビーの火をともし

どういうわけか、緑宝石が赤いルビーに置き換えられていたのでした。

★——2　「空明と傷痍」は、大正13年『春と修羅　第二集』の他、昭和5年、雑誌『文藝プランニング　第三号』に発表したものもあります。

01-2

エメラルド

雲母片岩中に生成した、六角柱状のエメラルド。

- ロシア　ウラル山地産
- 写真の左右長約5.5cm
- GSJ M40528

01 | 解説•緑柱石 [beryl]

緑柱石は、英名のberylベリルに対する和名です。ベリルはベリリウムを含むことにちなんだ名称です。六角柱状の自形結晶で産出することが多い鉱物です。緑柱石という和名にもかかわらず、ベリルは多様な色調を示します。透明感が高く、着色が明瞭、そしてひびや傷のないものは宝石として利用されます。緑柱石よりはむしろ、エメラルド(緑色)、アクアマリン(水色)、ヘリオドール(黄色)、モルガナイト(ピンク)などの宝石名の方が、一般には通りが良いかもしれません。その中でも、宝石として特に高価なのが、濃い緑色のエメラルドです。宝石品質の石は稀なため、ダイヤモンド以上の高値で取引されるものもあるようです。

緑柱石の生成に必要なベリリウムは、マグマ固結の最終段階に絞り出される流体に濃集する元素の一つです。花崗岩ペグマタイトはその流体が集まった部分であり、そこに巨大なカリ長石、雲母、電気石、トパーズなどとともに緑柱石が生成するのです。緑柱石の一種であるアクアマリンは花崗岩ペグマタイトの常連で、時として大変大きく成長することがあります。例えば、米国サウスダコタ州から、長さ5.8m、直径1.5mもの大結晶が産出しました。アクアマリンの薄いブルーは、微量の鉄(2+)および鉄(3+)イオンに起因します。

一方のエメラルドは、雲母片岩(写真01-2)、緑泥片岩などの変成岩や、それらを切る方解石脈(写真01-1)、石英脈中に産出します。アクアマリンのように大きな結晶は見つかっていません。エメラルドの緑色は、微量のクロムを含むことが原因です。クロムは、蛇紋岩やかんらん岩に多く含まれる一方、花崗岩中にはあまり含まれていません。エメラルドができるためには、ベリリウムを供給する花崗岩と、クロムを供給する蛇紋岩の関与が必要だと考えられます。エメラルドがアクアマリンに比べて圧倒的に稀であり、しかも結晶が小さいのはそのためでしょう。変成岩中で成長したものには、一般に固体包有物や傷が多く宝石にはなりにくいといったことも、高品質のエメラルドが高価である原因です。

鉱物学的性質	緑柱石
グループ	珪酸塩鉱物(サイクロ珪酸塩)
結晶系	六方晶系
結晶の形	六角柱状、六角板状
化学組成	$Be_3Al_2Si_6O_{18}$
色	無色、白色、淡緑色、濃緑色、淡青色、ピンク、黄色
光沢	ガラス光沢
硬さ(モース)	7.5-8
比重	2.6-3.0
劈開	不明瞭
屈折率	1.57-1.60

02 アクチノライト

actinolite

「アクチノライト」は、角閃石《かくせんせき》の一種で、「アクチノ（角）閃石」「緑閃石《りょくせんせき》」「透緑閃石《とうりょくせんせき》」「陽起石《ようきせき》」ともいいます。淡緑色〜灰緑色を示す自形柱状結晶で、緑色岩起源の広域変成岩の主成分鉱物をなしています。この鉱物がつくる放射状集合が後光のように見えるので、ギリシャ語のaktis（光線）から命名されました。漢語の「陽起石」は、この鉱物が日光により発散するためとか、中国の山東省陽起山に産するからとかいわれますが、定説はありません。日本の近代鉱物学を確立した和田維四郎★1が、明治11年（1878年）に訳語として「陽起石」としていますが、後に「光線石」とも訳しました。

賢治は、昭和3年6月に伊豆大島に旅行し、そのとき手帳などに書き留めた原稿が『三原三部』です。第一部は三原へ行くまでの船中から見える風景、第二部は三原滞在中の農作指導、第三部は三原を去る船中のことを記述しています。アクチノライトは、第一部、東京湾を詠った中に使われています。

早くも船は海にたちたる鉄さくと
鉄の門をば通り抜け
日光いろの泡をたて

★——1 和田維四郎（1856—1920）初代地質調査所長、日本の近代鉱物学の祖。『本邦金石略誌』（東京大学理学部／1878年刊）、『日本鉱物誌』（中文館／1904年刊）他を著し、多くの鉱物の和名を決め、日本産鉱物130種の詳しい記載をしました。

アクチノライトの水脈をも引いて
砒素鏡などをつくりはじめる
　品川の海
　品川の海

「日光いろの泡」は訳語の「光線石」から連想し、船の航跡の色と形状をアクチノライトの性状に見立てたものでしょうか[★2]。

「アクチノライト」は、いわゆる「軟玉[★3]」を構成します。英名「ネフライト nephrite」は、ギリシャ語nephros（腎臓）に由来し、ドイツの鉱物学者ウェルナー[★4]が1780年に命名しました。当時この石を身につけていると腎臓病にならないと信じられていたそうです。いわゆる玉の一種で、暗緑色の陽起石または無色~白色の透角閃石からなり、先史時代から飾り石として利用されました。広義の翡翠に含まれますが、真正の翡翠は、硬玉（ジェード輝石）のことで軟玉とは区別されます。

軟玉を使った作品では、『春と修羅』所載の亡き妹トシをめぐる詩群「青森挽歌」（大正12年）が秀逸です。

　おもては軟玉《な〔ん〕ぎょく》と銀のモナド
　半月の噴いた瓦斯でいつぱいだ

続く「オホーツク挽歌」には「軟玉の花瓶や青い簾」といった表現がなされているように、軟玉は硬度が低く細工しやすいので装飾品などにもよく用いられます。

★——2　もっとも下書稿では「月光色の泡」でした。

★——3　『大鑛物學』には、「先史人類が武器に使用したるものにして、緻密にして多少錯綜せる繊維より成る陽起石を軟玉Nephriteと云ふ。玲瓏にして緑色・灰色・乃至白色を帯び、多片状の断口を有す」と記されています。

★——4　ウェルナー　Werner,A.Gottlob（1749—1817）　ドイツ・ザクセン生まれ。1775年以降、フライベルク鉱山学校の教授として多数の門下生を育て、地質学の発展に貢献しましたが、一方で、花崗岩や玄武岩などを堆積岩とみなす水成論者の代表とされ論難されました。

02-1

透緑閃石

陽起石滑石片岩。白い滑石の基質に、緑色柱状の透緑閃石(陽起石)が含まれています。

●高知県長岡郡本山町産

02 | 解説●透緑閃石／アクチノライト……[actinolite]

透緑閃石は角閃石の一種です。ガスタルダイトの解説に登場した藍閃石（グロウコフェン）とは、基本的に同一の構造を持っています。マグネシウムと鉄が、結晶構造の中で同じ位置を占め、その位置の90～100%をマグネシウムが占めたものを透閃石、50～90%を占めたものを透緑閃石と呼んでいます。前者は白っぽく、後者は淡緑～濃緑色になります。菱形の断面を持った細長い柱状の結晶、あるいは、径に比べて長さが圧倒的に大きい繊維状の結晶をつくり、伸びの方向に沿って割れます。繊維状の結晶集合体は、日本でもかつてアスベスト資源として採掘対象となりました。

透緑閃石はまた、古くから貴石として珍重された軟玉（ネフライト）の主成分でもあります。軟玉は、細かい繊維が密に絡み合っているために鉄よりも強靱かもしれません。方向による強度の差が少ないため加工性にも優れていて、しかも美しいといった特性があります。中国やニュージーランドでは、宝飾品としてだけではなく、武器の素材として用いられてもいました。

大きな埋没深度を経て生成した変成岩に特徴的に現れる藍閃石とは異なり、透緑閃石はもっと広汎に生成します。とくに、蛇紋岩や熱変成を受けた苦灰岩などのマグネシウムに富んだ岩石には、濃集して産出することがあります。

変成作用では、温度と圧力の上昇に連動して、新たな鉱物粒子が既存の鉱物粒子を置き換えて成長してゆきます。自由空間がない環境で新たに生成する鉱物は、平滑な結晶面で囲まれた多面体に成長するとは限りません。また、いったん結晶が成長しても、それを含む岩石が変形すれば、割れたり曲がったりひびが入ったりします。結晶粒子の周りに存在する流体がわずかずつでも物質を溶解して運搬するために、長い時間の間には結晶が大きく成長することがあります。四国を東西に走る三波川変成帯にも、大きく発達した柘榴石や透緑閃石（写真02-1）の結晶を含む変成岩が分布しています。

鉱物学的性質	透緑閃石
グループ	珪酸塩鉱物（ネソ珪酸塩）
結晶系	単斜晶系
結晶の形	柱状、繊維状
化学組成	$Ca_2(Mg, Fe^{2+})_5Si_8O_{22}(OH)_2$
色	淡緑色～濃緑色
光沢	ガラス光沢～絹糸光沢
硬さ（モース）	5-6
比重	2.9-3.4
劈開	二方向に完全
屈折率	1.61-1.64

03 jade
翡翠

「翡翠／ヒスイ」はあまり賢治作品には出てきませんが、やはり海や空の色に使われています。

海があんまりかなしいひすゐのいろなのに
そらにやさしい紫いろで
苹果の果肉のやうな雲も浮かびます
——（「三原　三部」）

翡翠いろした天頂では
ひばりもじゅうじゅくじゅうじゅく鳴らす
——（『春と修羅　第二集』〔ふたりおんなじさういふ奇体な扮装で〕）

中国では青緑色の透明度の高い翡翠を「琅玕《ろうかん》」と呼び珍重していました。この「琅玕」を使った表現は、詩「発動機船　一」冒頭にあります。

うつくしい素足に
長い裳裾をひるがへし
この一月のまっ最中
つめたい瑯玕の浪を踏み
冴え冴えとしてわらひながら
こもごも白い割り木をしょって
発動機船の甲板につむ
頬のあかるいむすめたち

真冬に打ち寄せる清冽な波を、最高級の翡翠の光沢に喩えています。

ところでヒスイ（翡翠）とは、羽根の上面が青緑色、下面が橙色の小鳥《カワセミ》のことです。カワセミのような色を示す玉という意味で翡翠玉と呼ばれたのが、宝石名としてのヒスイの由来です。

『春と修羅　第二集』（「北上川は熒気をながしィ」（大正13年）は、美しく明るい北上川を描く中で、賢治と妹トシをモデルにした兄妹の会話がなされ、賢治文学史上重要な位置を占めるとされる作品の一つです。ここでは鳥のカワセミが出てきます。

（ははあ、あいつはかはせみだ
翡翠《かわせみ》さ　めだまの赤い
あゝミチア、今日もずゐぶん暑いねえ[★1]）

★——1　生前に発表された「花鳥図譜・七月・」（昭和8年『女性岩手』）はこの発展形であり、同様な表現が見られます。
（ははあ、あいつは翡翠《かわせみ》だ／かはせみさ、めだまの赤い／あゝミチア、今日もずゐぶん暑いねえ）

03-1

ヒスイ

白色部はほぼ純粋なヒスイ輝石よりなり、緑色部分にはオンファス輝石が含まれています。

- 新潟県 糸魚川市 小滝産
- 写真の左右長約7cm
- GSJ M40565

03-2

ヒスイ

ヒスイから切り出した円盤に透かし彫りを施した飾り物。緑色部が乳白色半透明の基質に分散しています。

- 径約5cm
- 地質標本館蔵

翡翠　jade

ずり込まれたのち、地表に復帰した岩石にヒスイ輝石が含まれるのです。

ヒスイ輝石は低温高圧の条件で安定する鉱物です。低温高圧の条件では、曹長石［$NaAlSi_3O_8$］が分解してヒスイ輝石と石英［SiO_2］に変わります。曹長石の密度が2.7g/cm^{3}に対してヒスイ輝石のそれは3.2g/cm^3。ヒスイ輝石は曹長石より密な結晶構造を持っているため、高圧条件で安定します。

低温高圧の条件は海洋プレートの沈み込み帯で実現します。冷たく重い海洋プレートが陸のプレートの下側へと沈み込み、次第に高い温度圧力条件にさらされてゆくとき、例えば温度が200℃に上昇したとき深さが30km以上に達していれば、曹長石の分解によってヒスイ輝石が誕生します。海洋プレートはさらに深くへと沈み込みながら水を吐き出します。吐き出された水は、海洋プレートの上盤側に楔状にせり出したマントルのかんらん岩を蛇紋岩に変えます。かんらん岩の密度は3.3g/cm^{3}ですが、それが蛇紋岩化すると、クリソタイル［密度2.2g/cm^3、$Mg_3Si_2O_5(OH)_4$］やアンチゴライト［密度2.65g/cm^3、$Mg_3Si_2O_5(OH)_4$］ができるために軽くなり、浮力が発生します。大陸プレートが沈み込み帯に乗り上げるように動くとき、軽い蛇紋岩は絞り出されて地殻最上部に達します。そのとき、蛇紋岩の上昇経路にあったヒスイ輝石岩は蛇紋岩に取り込まれてともに上昇します。自力では上昇できないヒスイ輝石岩が、蛇紋岩という風船の助けを借りて地表に達したというわけです。

ヒスイ輝石が入った岩石が見つかると、たとえどんな小さな粒子であろうと、また色彩的に地味なものであろうと、地質学者は大喜びします。それは、ヒスイ輝石が、プレートの沈み込みにともなう物質大循環の証人だからに他なりません。

03 | 解説●ヒスイ……[jade]

ヒスイという語は、広い意味では軟玉と硬玉を含みます。透閃石〜透緑閃石でできたものが軟玉、ヒスイ輝石を主成分とするのが硬玉です。ここでは硬玉について記述します。

ヒスイと聞いて緑色を思い浮かべるのは自然なことです。しかし、ヒスイの主成分鉱物であるヒスイ輝石［$NaAlSi_2O_6$］自体は、着色の原因となる遷移金属（鉄やクロム）を含まないため、なぜ緑色になるのか、比較的最近までわかりませんでした。細く絞った電子ビームを試料表面に照射して元素分析を行う装置（X線マイクロアナライザー）で、ヒスイの構成鉱物を粒子ごとに調べたところ、緑色部分にはオンファス輝石［$(Ca,Na)(Mg,Fe,Al)Si_2O_6$］が含まれることがわかりました。緑色の原因はヒスイ輝石にはなかったのです。オンファス輝石ならば鉄を含みますので、緑に着色することに不思議はありません。ヒスイには、白色、緑色の他、淡紫色、青色、黒色、黄色、橙色、赤色のものが知られています。淡紫色のものにはチタンが、青色のものにはチタンを含むオンファス輝石が、そして黒いものには石墨が含まれているとされています。

ヒスイは大変丈夫な石です。モース硬度では石英より軟らかいのですが、衝撃には強いのです。強さの秘密はその組織にあります。ヒスイは細かい結晶が密に絡み合ってできているために、衝撃力が分散し破断しにくいのです。特殊な工具に頼らなくとも成形可能な軟らかさを持ち、落としてもぶつけても割れにくいことは、装身具や道具をつくる素材として適しています。縄文人が加工したヒスイの勾玉や大珠は、必ずしも緑色ではなく、色彩的にはむしろ地味なものが多かったようです。縄文人は、美しさよりもその強さに畏敬の念を持ったのではないでしょうか。

ヒスイ輝石は地球のどんなところで生まれ、どのような旅路をたどって地表に現れたのでしょうか。藍閃石と同様に、ヒスイ輝石の旅路もまた波瀾万丈です。海底から地下数十kmに引き

鉱物学的性質	ヒスイ
グループ	珪酸塩鉱物（イノ珪酸塩）
結晶系	単斜晶系
結晶の形	細粒の繊維状、塊状、粒状
化学組成	$NaAlSi_2O_6$
色	純粋なものは無色〜白色半透明。ただし包有鉱物により、淡紫色、淡青色、黄色、ピンク、黒色などを呈することがある
光沢	ガラス光沢
硬さ（モース）	6.5
比重	3.25 - 3.35
劈開	良好、ただし稀
屈折率	1.66 - 1.68

04 孔雀石

malachite

その名も華やかなのが「孔雀石」です。鮮やかな緑色の縞模様が特徴とされ、英名「マラカイト malachite」の名は、ギリシャ語のmalache、malakee（アオイ科植物のゼニアオイ）から命名されています。

一方、和名の「孔雀石」は色彩名に由来します。孔雀色は「さえた青緑色（Vivid Blue Green）」のこと。孔雀の羽の色から命名され、昭和4年の流行色となりました。[★1] この時代の空気を受けて、賢治作品にも「瑠璃」や「孔雀石」はよく出てきます。[★2]

噴火湾のこの黎明の水明り
室蘭通ひの汽船には
二つの赤い灯がともり
東の天末は濁つた孔雀石の縞

これは『春と修羅』所載の「噴火湾（ノクターン）」（大正12年）の一節で、夜明けの風景を描いています。

おそらく賢治は明暗の縞を持つ孔雀石の研磨面を観察したことがあり、その印象から空のイメージに

★——1　その数年前の大正13年には「瑠璃」と一つにして「瑠璃孔雀」という流行色となっています。

★——2　賢治は飾り石の売買を検討しており、大正8年2月2日付の父あての手紙で、その一つとして「秋田諸鉱山の孔雀石」を挙げています。

04-1

孔雀石

孔雀石でつくった工芸品（箱）。孔雀石は彫刻可能な程度に軟らかく、装飾品として利用するための最低限の硬さも備えています。この孔雀石は銅鉱床の酸化帯に生成したもの。

- ロシア産
- 箱の長辺5.5cm
- 地質標本館収蔵

用いたのでしょう。同じ『春と修羅』「一本木野」は、岩手山東南麓の一本木野の美しい自然を詠った詩で、この中にも孔雀石の表現が登場します。

天椀《てんわん》の孔雀石にひそまり
薬師岱赭《やくしたいしゃ》のきびしくするどいもりあがり

岱赭は赤茶色のことで、岩手山山頂の薬師岳の赤茶けた姿が聳え立つ風景を描写しています。前後に「すみわたる海蒼《かいさう》の天」「青ぞらに星雲をあげる」などの詩句もあり、この孔雀石は空の表現でも青空を表していることがわかります。やはり青と緑を混用しているのです。『春と修羅　第二集』や『同補遺』の中にも、

馬はつぎつぎあらはれて
泥灰岩の稜を嚙む
おぼろな雪融の流れをのぼり
孔雀の石のそらの下
にぎやかな光の市場
種馬検査所へつれられて行く

――――（『春と修羅　第二集』「北上山地の春」）

孔雀のいしのそらのした

その他の作品例――

日に輝く空

…ひはうつくしい／孔雀石いろに着飾って／あえかな雪を横切った…（『詩ノート』所載〔ひるすぎになってから〕）

どこまでもその孔雀石いろのそらを映して（詩「あかるいひるま」）

銅の炎色反応

童話「学者アラムハラドの見た着物」では「それから銅を灼くときは孔雀石のやうな明るい青い火をつくる」と、銅の炎色反応として用いています。

雪融の流れをのぼって行く　　——（『春と修羅　第二集補遺』「種馬検査日」）

二作とも陽光あふれる春空の下、馬たちが連れて行かれる情景を詠いました。『春と修羅　第二集』「北上川は熒気をながしィ」の中でも、

天があかるい孔雀石板で張られてゐるこのひなか

と描写され、この詩の発展形「花鳥図譜・七月・」にも同じ表現が繰り返されています。また、童話「めくらぶだうと虹」では「向ふのそらはまっさをでせう。まるでいゝ孔雀石のやうです」と述べています。一方、こうした空の表現だけではなく、緑の鉱物らしく植物の葉や湖や海を表す作品もあります。

青い葉が一枚一枚極上等の孔雀石のやうに光ってしづかにゆれてゐました　　——（童話「ポランの広場」）

その湖水はどこまでつづくのかはては孔雀石の色に何条もの美しい縞になり　　——（童話「ひかりの素足」）

その手前はうららかな孔雀石の馬蹄形の淵　　——（短編「あけがた」）

向ふの海が孔雀石いろと暗い藍いろと縞になってゐる　　——（童話「サガレンと八月」）

湖や淵や海の水の深みを、孔雀石の複雑な縞模様で見事に表しています。

N4-2

孔雀石

孔雀石の葡萄状集合体。銅鉱床の酸化帯に生成したもの。

●オーストラリア北西部フィムクリーク産

●左右長8cm

●GSJ M 40327

04 解説●孔雀石 [malachite]

孔雀石は、おそらく銅鉱石として最初に利用された鉱物です。孔雀石に銅が含まれていることを古代人が認識したのは、たき火の炎に当たった石の表面に赤銅色を見たことがきっかけだったといわれています。紀元前3000年頃にはシナイ半島やエジプト東部の砂漠地帯で、孔雀石を銅鉱石として採掘していたようです。古代人の発見を再現することは難しくありません。孔雀石を炭火の中に放り込み、鞴で空気を送り込むと確かに金属銅の滴ができます。褪色が少ない緑色顔料としても珍重され、クレオパトラは孔雀石の粉末を目の周りに塗ったといわれます。それには美的観点だけではなく、眼病予防の意図があったのかもしれません。孔雀石が大きな塊で産出する場合には、切断成形して装飾石材、装身具としても利用されました。サンクトペテルブルグの冬の宮殿にある「孔雀石の間」はその一例で、総量2トンを超える孔雀石が、装飾円柱やテーブルトップなどに用いられている光景は圧巻です。

孔雀石は、銅の硫化物鉱床の風化・酸化帯にできる鉱物です。黄銅鉱などの硫化鉱物が、空気に触れると、孔雀石、藍銅鉱、ブロシャン銅鉱などが二次的に生成します。長年にわたって風化を被った銅鉱床は、地表部に水酸化鉄のキャップを持ち、その下部に孔雀石などの二次鉱物が濃集したゾーンをともなっています。暗褐色の水酸化鉄の中で濃緑色の孔雀石はよく目立つため、地下に隠れた銅の硫化鉱床を探査する際に便利な手がかりとなりました。浸透する雨水の作用によってできる孔雀石の結晶は、おおむね微粒です。層状、皮殻状、鍾乳状の集合体をつくり、年輪に似た成長組織を見せるものが少なくありません(写真04-2)。濃緑色、灰緑色など、微妙に異なった色調を持つ薄層が同心円をつくるさまは、孔雀の羽根に現れる目玉模様を彷彿とさせます(写真04-1)。

鉱物学的性質	孔雀石
グループ	炭酸塩鉱物
結晶系	単斜晶系
結晶の形	針状結晶の放射状集合体、腎臓状、鍾乳状で産出
化学組成	$Cu_2(CO_3)(OH)_2$
色	鮮緑色～暗緑色、不透明～半透明
光沢	結晶は絹糸光沢、細粒塊状の場合は無艶
硬さ(モース)	3.5-4
比重	3.9-4.0
劈開	一方向に良好、ただし稀
断口	亜貝殻状
屈折率	1.66-1.91

05
緑玉髄
chrysoprase

植物の緑色を表す鉱物には、「緑玉髄／クリソプレース」もあります。例えば「小岩井農場　パート七」では

から松の芽の緑玉髄《クリソプレース》
かけて行く雲のこつちの射手《しゃしゅ》は
またもつたいらしく銃を構へる

と表現されています。この下書稿の段階では「chrysoprase《クリソプレース》」と英語表記されていました。

「クリソプレース」はギリシャ語のクルーソ（黄金）とプラソン（リークつまり西洋ネギ）との合成語で、「リークグリーン」「アップルグリーン」とも称され、植物の緑を指す表現にふさわしいものです。

石英に属する玉髄の一種で、蛇紋岩中に細い脈状に産出するので「から松の芽」に模したのでしょう。

蛇紋岩は賢治が深く関心を持っており、また早池峰山などに広く分布しているので、賢治もあるいは野外で観察したのかもしれませんが、当時市場にはあまり現れていませんでした。

05 解説●緑玉髄 [chrysoprase]

玉髄は、石英やモガナイトというシリカ鉱物でできています。石英は、その結晶構造の対称性を外形に素直に表現できる環境《水に満たされた空間》でゆっくりと成長すると、六角柱や三角柱の水晶になります。

一方の玉髄は、きわめて微細な粒状-繊維状の粒子で構成されています。玉髄は硬さや比重の点では、石英とほとんど同じですが、水に対する溶解度が違います。玉髄の方が石英よりも5〜6割も増して溶けやすいのです。それは、微粒子であることと、モガナイトを含んでいるためだと考えられます。石英の溶解度は温度に比例して増加しますので、高温の熱水が地下深部から地表へと冷えながら移動するときには、熱水は石英に関して過飽和の状態になります。そのため、岩盤のすき間に浸透した熱水は石英を再沈殿させるのです。過飽和の程度が著しく、また温度が比較的低ければ(例えば100℃以下)、もっぱら玉髄や非晶質シリカであるオパールが沈殿します。湿潤気候下の岩石風化帯では、石英に過飽和な水が地へと浸透してゆき、岩盤の割れ目に玉髄やオパールを沈着します。

いずれの場合も、微粒のシリカが沈殿するときに、有色鉱物が取り込まれることによってさまざまな着色が現れます。リンゴ緑色で透明感のある玉髄《クリソプレース》は、蛇紋岩の脈として産出したもので、微細なニッケル珪酸塩鉱物が着色原因と考えられています。流紋岩中にできるものでは、海緑石、セラドン石などの、雲母族粘土鉱物が緑色の原因となっています。

マグマの発泡によりできた軽石は多孔質で温泉水に溶けやすいため、玉髄の成分であるシリカの供給源となります。それと同時に自身が溶けることにより玉髄が沈殿する場所を提供します。軽石凝灰岩中に芋状の玉髄ができるのはそのためでしょう(写真05-1)。

鉱物学的性質	緑玉髄
グループ	珪酸塩鉱物
結晶系	三方晶系
結晶の形	極微粒子の塊状で産出
化学組成	SiO_2
色	淡い青緑、緑色
光沢	ガラス光沢〜脂肪光沢
硬さ(モース)	6-7
比重	2.55-2.63
劈開	なし
断口	貝殻状
屈折率	1.544-1.553

25-1

緑玉髄

軽石凝灰岩中に浸透した温泉水の作用でできた緑玉髄。石英の微粒子が密にかみ合っているために半透明に見えます。織りの粗い布地に淡い緑色のインクを滴下したようです。

- トルコ産
- 写真の左右長約4.5cm
- GSJ M32944

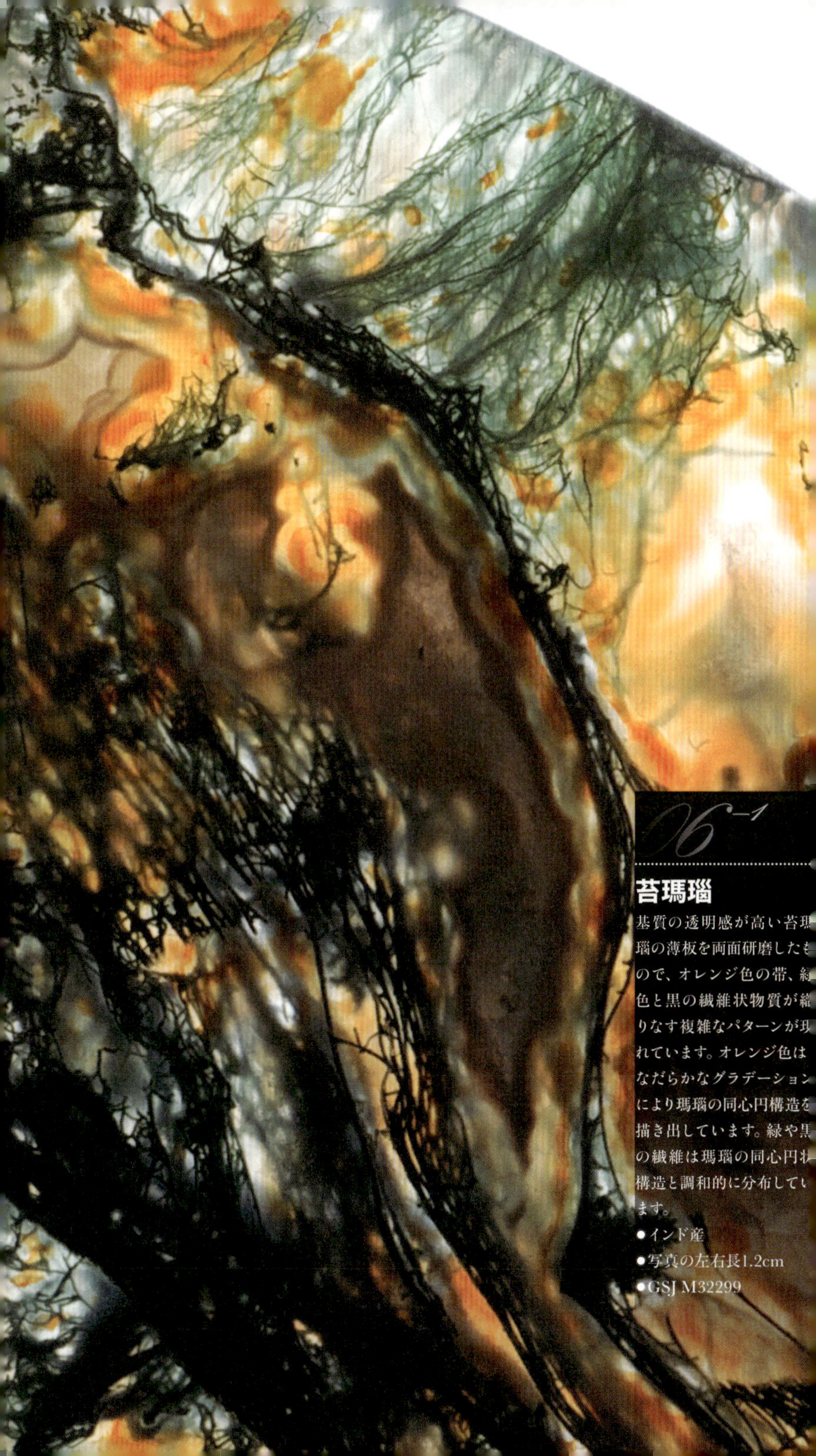

06-1

苔瑪瑙

基質の透明感が高い苔瑪瑙の薄板を両面研磨したもので、オレンジ色の帯、緑色と黒の繊維状物質が織りなす複雑なパターンが現れています。オレンジ色はなだらかなグラデーションにより瑪瑙の同心円構造を描き出しています。緑や黒の繊維は瑪瑙の同心円状構造と調和的に分布しています。

- インド産
- 写真の左右長1.2cm
- GSJ M32299

06 苔瑪瑙

moss-agate

「苔瑪瑙《こけめのう》」は瑪瑙の一種とされますが、特徴的な縞模様がありません。白〜灰色の基質中に、緑色〜褐色ないし黒色の不規則な形状（樹脂状結晶）の鉄やマンガンの酸化物や緑泥石からなる包有物があり、それを苔や樹木に見立てたものです。切断研磨して小皿や置物に加工して用いられます。

賢治作品では、童話「葡萄水」下書稿にあります。

　遠くの山は奇麗な苔瑪瑙の置物です。

『春と修羅　第二集』所載の「早池峰山巓」下書稿でも

　苔瑪瑙《モスアゲート》の小田越えあたりに雲が湧き

このように山の緑色の比喩として用いています。

06 | 解説●苔瑪瑙 [moss-agate]

微晶質の石英である玉髄の中に、濃緑色、褐色、黒色の繊維や斑点が入ったものを苔瑪瑙(写真06-1)と呼んでいます。これら苔に似た物質は、緑泥石などの粘土鉱物、および、鉄やマンガンの酸化物などです。苔瑪瑙は苔の化石ではありません。鉱物でありながら、あまりにも苔やカビに似ているところが興味を惹きます。乳白色〜淡いクリーム色の玉髄の中に、繊維状の緑色物質が入ったものは、まるでブルーチーズのようです。透明な玉髄の中に緑色や褐色の球が入ったもの、そこに黒や緑の細い筋が入ったものなどは、きのこ、グリーンピース、海藻を入れた寒天料理を思わせます。

苔瑪瑙はどのようなプロセスでできるのでしょうか?

温泉水のような比較的低温の水からシリカが沈澱することによって玉髄(瑪瑙)ができます。その水の中には、シリカだけでなく、鉄、マンガン、アルミニウム、マグネシウムが溶け込んでおり、水から沈澱した直後のゲル状シリカにはこれらの不純物元素が巻き込まれています。その後ゲル状シリカが脱水して石英にリフォームされてゆく際に、石英の結晶構造にとっては不純物となるこれらの元素が絞り出されて濃集します。その結果、樹枝状の酸化鉄や二酸化マンガンができるのでしょう。

また、玉髄が縞状の沈澱構造をつくりながら間欠的に成長する場合には、成長の最前線である溶液と玉髄の境界面で、異種鉱物が物理的に閉じ込められることがあるでしょう。緑色の粘土鉱物にはこのようなメカニズムで取り込まれたものが多いものと思われます。

鉱物学的性質	苔瑪瑙
グループ	珪酸鉱物
結晶系	三方晶系
結晶の形	石英の微細結晶集合体で、固有の外形は示さない
化学組成	SiO_2
色	淡い乳白色をベースとし、黒、褐色、暗緑色の筋を含む
光沢	ガラス光沢
硬さ(モース)	6.5-7
比重	2.60-2.65
劈開	なし

07-1

緑簾石

《焼餅石》というニックネームにふさわしい緑簾石。帯黄灰色の凝灰岩中の空隙に、ピスタチオ緑色の緑簾石ができています。空隙が大きい場合には、中央にすき間が残され、長柱状の緑簾石がのびのびと育っています。白色は、微細な水晶。

- 長野県小県郡武石村武石産
- 左右長8cm
- GSJ M34442

07-2

緑簾石

緑簾石結晶のクローズアップ。結晶の側面は濃い黄緑色、先端には長方形の断面が現れています。

- 長野県小県郡武石村武石産
- 写真の左右長約1.0cm
- GSJ M34442

07 緑簾石

epidote

「緑簾石《りょくれんせき》」の欧米名「エピドート epidote」は、ギリシャ語epidosis（ただで与える・寄付する）から、1801年にフランスの鉱物学者アウイ[★1]がフランス語形にして命名したものです。日本語訳は、小藤文次郎[★2]により明治17年に「黄緑石」とされましたが、明治20年に地質調査所が「緑簾石」と命名したものが以後も用いられています。「簾」は、竹などを編んでつくった「すだれ」の意味です。

作品ではあまり用いられていませんが、童話「台川」に出てきます。これは、賢治が花巻農学校在職時代（大正10〜15年頃）に、生徒を連れて巡検したおりの体験がもとになってできた作品です。花巻西郊外山麓を流れる台川沿いを歩きながら、主人公すなわち賢治が付近の地質を説明していると、こんな心のつぶやきが出てきます。

緑簾石もついてゐる。さうぢゃないこれは苔だ

苔の緑色を緑簾石の緑色と間違えたのです。

★――1　アウイ（あるいはアユイ）Hauy,Rene Just,（1743―1822）　フランス・ソルボンヌ大学の鉱物学教授。結晶が規則的な格子構造から成り立つことを予想した「有理指数の法則」を提唱し、「結晶学の父」と呼ばれています。

★――2　小藤文次郎（1856―1935）　黎明期にあった日本の地質学において指導的地位にあった鉱物学者。地質調査所入所後、ドイツに留学し、帰国後東大教授として岩石・火山・地震・地体構造など総合的に研究しました。明治23年（1890）刊『英独和対訳　鉱物字彙』の著者の一人。第1章04藍閃石の項参照。

07 解説●緑簾石 [epidote]

緑簾石は、ピスタチオ緑色〜濃緑色の柱状結晶をつくる鉱物です。柱面には伸びの方向に平行なスジ(条線)が現れます。柱状結晶が束になって扇形の集合体をつくることも珍しくありません。その集合体がいかにも簾を崩したように見えることから、緑簾石という名前がつけられました。

緑簾石は、カルシウムの含水アルミノ珪酸塩鉱物で、アルミニウムを置き換える鉄が増えるにつれて、緑色が濃くなります。ちなみに、鉄の代わりにマンガンが入ったものは、紅簾石で、文字通り濃い紅色を示します。緑簾石は、斜長石や苦鉄質の造岩鉱物を置き換えて広域的にできる鉱物の一つです。例えば、地下に引きずり込まれた堆積岩や火成岩が、中程度の温度圧力条件のもとで再結晶すると緑簾石や緑泥石が生成します。緑簾石はカルシウムが豊富な環境でできやすいため、石灰岩と花崗岩の接触変成帯でも柘榴石とともにごく普通に見いだされます。また、熱水の作用により、火山岩の気孔や割れ目に沿って、葡萄石、沸石、方解石などとともに生成します。

変質した凝灰岩中に玉状になって産する珍しい例が、長野県武石村にあります。凝灰岩中に含まれる、やや硬い、鶉卵〜鶏卵大の玉を割ると、その中心が空洞になっており壁面から放射状に成長した緑簾石が見られます(写真07-1、07-2)。その形と色彩的なコントラストが、ウグイス餡入りの焼いた丸餅を彷彿させることから、《焼餅石》のニックネームがあります。

鉱物学的性質	緑簾石
グループ	珪酸塩鉱物(ソロ珪酸塩)
結晶系	単斜晶系
結晶の形	柱状、板状
化学組成	$Ca_2Fe^{3+}Al_2(Si_2O_7)(SiO_4)O(OH)$
色	緑灰色、黄色、ピスタチオ緑色〜黒色
光沢	ガラス光沢
硬さ(モース)	6-7
比重	3.3-3.6
劈開	一方向に完全
屈折率	1.715-1.797

08-1

緑泥石

変成岩中にできた、緑泥石の鱗片状・放射状集合体。

●ロシア　イルクーツク産

●写真の左右長約4.5cm

●GSJ M38966

08 緑泥石

chlorite

「緑泥石★1」といえば、童話「楢ノ木大学士の野宿★2」で、黒雲母を擬人化した「バイオタさん」が風化作用で「緑泥石」に変質する「緑泥病」（蛭石病の初期）のくだりが有名です。以下に引用しましょう。

「バイオタさんがひどくおなかが痛がってます。どうか早く診て下さい。」（中略）

「どうもこの病気は恐いですよ。それにお前さんのからだは大地の底に居たときから慢性りょくでい病にかかって大分軟化してますからね、どうも恢復の見込がありません。」

このエピソードは賢治の野外地質調査の実体験を反映しています。岩手県稗貫郡長・葛博が農業振興のため、賢治の師・関豊太郎教授に、同郡の土性図作成を依頼しました。賢治は「盛岡高農実験指導補助」という資格で、助教授二人とともに調査に参加しています。大正7〜9年にわたる計7回の野外調査と室内での分析結果に基づき、大正11年に「巌手県稗貫郡主要部地質及土性調査報告書」（第一章）及び同略図（7万5千分の1）として公刊され、賢治の地質学的業績の一つに数えられています。この中に黒雲母の熱水変質による緑泥石化作用が報告されているのです。

★——1　賢治が採集した鉱物・岩石のほとんどは散逸しましたが、盛岡高等農林学校の後継である岩手大学に、16点残されています。その中に、緑泥片岩があります。これは修学旅行で訪れた伊勢二見で採集したものです。

★——2　童話「楢ノ木大学士の野宿」とその先駆形の童話「青木大学士の野宿」は、主人公が宝石商から蛋白石の採取を依頼され、野外に出かけて野宿した際の夢の物語です。特に野宿第二夜は、花崗岩の石切り場で寝入った主人公が、造岩鉱物たちの会話を聞くという趣向です。後半では、それぞれの鉱物たちが風化して変質するさまを、鉱物たちの病気として面白おかしく述べています。第5章01石英／03長石／第6章01黒雲母（バイオタイト）参照。

08 | 解説●緑泥石 [chlorite]

緑泥石は、微粒子の場合はその名にふさわしく暗緑色の泥に見えます。粗粒になると、光沢のある劈開面が発達するために、ほとんど雲母のように見えます。

緑泥石では、珪素を中心に4つの酸素が配位した、いわゆる珪酸四面体が二次元的に連なってシートをつくり、その間に、マグネシウムに酸素・水酸イオンが6個配位した八面体層が挟まって、静電的に構造を引き締めています。珪酸塩のシートを縦に引き割くよりも、シート単位で引きはがす方がエネルギー的に楽なため、平面的に割れるのです。

化学組成のバリエーションが広く、幅広い地質環境で生成されます。例えば、低温〜中温の変成岩や、熱水鉱脈、そして熱水変質岩に現れます。

変成岩や熱水変質岩中では、マグネシウムや鉄を多く含む鉱物、例えば、黒雲母、角閃石、輝石、かんらん石などが母材となって、緑泥石が二次的に生成しています。やや変質した火成岩が緑がかって見える原因の大部分は、緑泥石の生成です。

鉱物学的性質	緑泥石
グループ	珪酸塩鉱物（フィロ珪酸塩）
結晶系	単斜晶系、三斜晶系
結晶の形	六角板状、鱗片状の結晶のほか、土状集合体で産出
化学組成	$A_{5-6}Z_4O_{10}(OH)_8$ ただし、AにはAl, Fe, Li, Mg, Mn, Niなどが、また、ZにはAl, B, Si, Feが入る
色	灰緑色〜黒緑色、白色、まれに紅紫色
光沢	ガラス光沢〜土状光沢
硬さ（モース）	2.5–3
比重	2.6–3.3
劈開	一方向に完全
屈折率	1.57–1.67

09 olivine 橄欖石

「橄欖石《かんらんせき》」の英名「オリビン olivine」は、この鉱物が示すオリーブ緑色に由来します。オリーブを橄欖と誤訳したために、オリビンも橄欖石と呼ばれるようになりました。橄欖石は作品には登場しませんが、橄欖石や輝石を主成分鉱物とする「橄欖岩」は、賢治が深く関心を持った岩石です。★1 作品にも多用され、童話「虔十公園林」では碑を「青い橄欖岩」で建てたと記します。その他の例を挙げましょう。

種山《たねやま》ヶ原《はら》といふのは北上山地《きたかみさんち》のまん中《なか》の高原《かうげん》で、青黒《あをぐろ》いつるつるの蛇紋岩《じゃもんがん》や、硬《かた》い橄欖岩《かんらんがん》からできてゐます　――（童話「種山ヶ原」）

そこらの蛇紋岩橄欖岩みんなびりびりやりだした　――（『春と修羅　第二集』所載「渓にて」）

童話「楢ノ木大学士の野宿」第一夜の岩頸四兄弟の会話で、女の子の山に擬せられている「ヒームカ」は、蛇紋石の着物をまとった橄欖岩の山という設定です。ともあれ橄欖岩と蛇紋岩は密接に関係し、また賢治の関心の深かったイリドスミンとも関わるのですが、これは後述に譲りましょう。★2

★――1　大正6年1月賢治ら盛岡高等農林学校農学部第二部二年生が提出した「盛岡附近地質調査報文」に「橄欖岩」の説明があります。
「堅硬にして微粒状をなして重く、緑黒色を呈し成分鉱物は主として顕微鏡的の橄欖石及び磁鉄鉱より成り所々肉眼的に微細なる滑石の光輝ある白色鱗片を散点し全く長石を欠く、岩石の罅裂面は屢々硅酸の皮膜を以て薄く被われ又黄緑色にして蝋状の光沢を有する蛇紋石に変ずるを見る。」

★――2　第5章10イリドスミン参照。

9-1

かんらん石

玄武岩の捕獲岩の主成分鉱物として上部マントルから地表にもたらされた苦土かんらん石。

- 米国アリゾナ州ペリドット産
- 左右長9cm
- GSJ M40444

かんらん石はマグネシウムと鉄の珪酸塩鉱物で、結晶構造を保ったままマグネシウムと鉄が置き換わります。Mg > Feの場合は苦土かんらん石と呼ばれ、Mg < Feの場合は鉄かんらん石と呼ばれます。鉄の含有率に比例して色が黒みを増します。

苦土かんらん石は、斑糲岩やかんらん岩などの塩基性・超塩基性火成岩の主成分鉱物となるほか、玄武岩の斑晶として産出します。かんらん石は比較的比重が大きいため、他の重鉱物とともに、河川や海岸の砂に濃集します。かんらん石は高温の変成岩や石鉄隕石にも含まれます。地球のマントル上部の主成分鉱物は苦土かんらん石です。

鉄かんらん石は、苦土かんらん石に比べると圧倒的に産出が稀ですが、花崗岩や流紋岩中に少量含まれることがあります。

苦土かんらん石のうち、透明感に優れ、美しい緑色を示すものはペリドットと呼ばれ、宝石として珍重されています。苦土かんらん石の融点は非常に高く、大気圧下では1900℃まで溶けませんので鋳物砂として利用されます。

鉱物学的性質	かんらん石
グループ	珪酸塩鉱物
結晶系	斜方晶系
結晶の形	短柱状
化学組成	$(Mg,Fe)_2SiO_4$
色	オリーブ緑色、鉄の含有率が高くなるにつれて黒さを増す
光沢	ガラス光沢
硬さ(モース)	6.5
比重	3.22 - 4.39
劈開	不明瞭
屈折率	1.63 - 1.89

第3章

黄色い鉱物

――トッパァスのつゆはツァランツァリルリン――

【童話「十力の金剛石」】

――正午の管楽よりもしげく
琥珀のかけらがそそぐとき――

【『春と修羅』所載「春と修羅」】

――そらは黄水晶《シトリン》ひでりあめ――

【『春と修羅』所載「青い槍の葉」】

黄のひかりうすあかり

ある色を光で混合すれば白色となる関係を「補色関係」といいますが、賢治の心象を代弁する「青色」と補色関係にある色が、「黄色」です。そのため「黄色」は賢治にとって関心が深く、当然、賢治の内面世界に関わる心象の表現にも影響していると考えられます。ここでは一般に黄色の持つ明るいイメージではなく、嫌悪感をともなった表現が見られます。

そらはいま蟇《ひき》の皮にて張られたりその黄のひかりその毒の光り（『歌稿A』一五五）

黄のひかりうすあかり鳴れ鳴れかしは（短編「沼森」）

後者は陰気な情景を描写しています。『春と修羅』所載「真空溶媒」では、「黄いろな時間だけの仮死《かし》ですな」「黄いろな時間の追剥め」という表現もあります。詳細は省きますが、板谷栄城著『宮沢賢治の見た心象』★1では、「黄という色は時間感覚の心象的な崩壊につながっていた」と説明されています。

★――1　板谷栄城著『宮沢賢治の見た心象』（NHKブックス／1990年刊）

01—1

トパーズ

シェリー酒色のトパーズの結晶。

●ブラジル・ミナスジェライス州　オウロプレト産
●長さ約5cm
●GSJ M1578

01 黄玉／トパーズ

topaz

「黄玉」は、「黄玉石」「トパーズ topaz（英）」「トパース Topas（独）」ともいい、トパーズは紅海にあるトパゾン島（セント・ジョン島）の名前に由来します。★1 賢治には〔topazのそらはうごかず〕という詩があり、例外的に英語のtopazが用いられていますが、本来はドイツ語読みの「トパース」「トツパース」の語感が好みだったようで、多用しました。教室標本のうち、恩師の関豊太郎教授がドイツ留学中に購入したクランツ商会の鉱物標本（Nr.57）も、ラベルには当然「Topas」とあります。

また、教室標本のみならず、上野の帝室博物館所蔵のトパーズも見たようです。というのも賢治は大正5年に上京したおり、帝室博物館を訪れているからです。盛岡高等農林学校蔵書の神保小虎著『日本地質學　全』★2付録には、鉱物学的な記載とともに、帝国博物館★3に美濃近江（正確には滋賀県近江の田上《たのかみ》山）の産とされる美麗な「黄玉石」が多く陳列されていたことが記述され、賢治も関心を持って見学したことでしょう。実は明治期の日本産トパーズは、世界的な産地として有名だった当時のドイツ・サクソン領のシュネッケンシュタイン産に勝るとも劣らない美しく大型の結晶だったのです。そのほとんどが田上山産や苗木産のもので、多数が欧米に輸出され、現在でも世界各地の博物館で見ることができます。賢治はトパーズの黄色を、光が降り注ぐ表現として多用します。

★——1　この島で採石されたものがトパーズと呼ばれていましたが、実際にはペリドット（オリビン／橄欖石の宝石名）でした。

★——2　神保小虎著『日本地質學　全』（金港堂書籍株式會社／1896年刊／245p.）
神保小虎（1867—1924）は、ベルリン留学後、東京大学で鉱物学を教え、後に鉱物学科主任教授となり、日本の鉱物学・地質学の発展に寄与しました。賢治誕生年に刊行された本書には「附録第二」として「上野帝國博物館鑛物地質ノ部案内」があり、当然賢治も参考にしたことでしょう。

★——3　明治33年に「帝室博物館」と改称。

紅玉やトパースまたいろいろのスペクトルや　——（『春と修羅』「冬と銀河ステーション」）

〔日はトパースのかけらをそゝぎ〕　——（『春と修羅　第二集』一〇六）

童話「十力の金剛石」でもたびたび出てきますが、ここでは雨や露の表現として用いています。

あられと思ったのはみんなダイアモンドやトパァスやサファイヤだったのです。おゝ、その雨がどんなにきらびやかなまぶしいものだったでせう。

はちすゞめは、

「ザッ、ザ、ザ、ザザァザ、ザザァザ、ザザァ、
ふらばふれふれ、ひでりあめ、
トパァス、サファイア、ダイアモンド。」

と歌い、そしてりんだうの花は

「トッパァスのつゆはツァランツァリルリン、
こぼれてきらめく　サング、サンガリン、」

と歌います。

童話「銀河鉄道の夜」の「七、北十字とプリオシン海岸」では、水晶や鋼玉とともに河原の礫として「黄玉」が登場します。賢治は気象以外の物としての表現に、黄色い鉱物名を使う場合はカタカナ表記ではなく、ルビをふらない漢字名を使う傾向があります。推測ですが、こうした場合は「おうぎょく」と読んで使い分けていたのではないでしょうか。

童話「十力の金剛石」
主人公の王子と大臣の子はこんな会話もします。
「ね、このりんだうの花はお父さんの所の一等のコップよりも美しいんだね。トパアスが一杯に盛ってあるよ。」
「えゝ立派です。」
「うん。僕、このトパアスを半けちへ一ぱい持ってかうか。けれど、トパアスよりはダイアモンドの方がいゝかなあ。」

童話「銀河鉄道の夜」
第1章03サファイアの項で記したように、アルビレオ観測所の水の速さをはかる器械には、黄玉／トパースとサファイアの球が使われているとされます。

雨の作品例
詩「小岩井農場　パート七」でも「トツパースの雨の高みから／けらを着た女の子がふたりくる」

01-2

トパーズ

流紋岩の気泡中に生成した淡褐色透明のトパーズ。

- 米国ユタ州　トーマスレンジ　トパーズバレー産
- 写真の左右長約1.6cm
- GSJ M38434

01 | 解説●トパーズ……［topaz］

和名の黄玉よりも英名のトパーズの方が親しまれています。黄玉とはいうものの、色調は黄色に限りません。無色透明、ピンク、橙、褐色、緑色、ブルーのものもあります。

トパーズはフッ素を主成分として含むアルミノ珪酸塩鉱物で、フッ素が濃集する環境に、蛍石とともに生成します。花崗岩マグマが固結するときに絞り出される流体が溜まったり通り抜けたりするところ、例えばペグマタイトや、高温熱水鉱脈がそれにあたります（写真01-1）。ブラジル・ミナスジェライス州のペグマタイトからは、一個体で350kgにも及ぶ巨大結晶が産出したことがあります。かつてタングステンや錫の採掘を目的に操業された岐阜県恵比寿鉱山や茨城県高取鉱山では、鉄マンガン重石［$(Fe,Mn)WO_4$］、錫石［SnO_2］、石英、蛍石、白雲母とともに、短柱状で無色透明〜灰白色のトパーズが産出しました。そのほか、流紋岩の気泡にも美しい結晶が生成します（写真01-2）。ペグマタイトから分離したトパーズは、透明な円礫となって河床礫中に含まれることがあります。表面が磨りガラス状になっているものは、石英と似た質感を示しますが、石英より2割強ほど比重が大きいことで区別できます。

ブラジル産のシェリー酒色のもの（写真01-1）が特に高価です。柱面に直角な方向に割れやすいことが宝石としては弱点となります。

鉱物学的性質	トパーズ
グループ	珪酸塩鉱物（ネソ珪酸塩）
結晶系	斜方晶系
結晶の形	柱状
化学組成	$Al_2SiO_4(F,OH)_2$
色	無色、青、ピンク、橙色、黄色、淡褐色、緑色
光沢	ガラス光沢
硬さ（モース）	8
比重	3.4-3.6
劈開	一方向に完全
屈折率	1.61-1.63

02 黄水晶／シトリン

citrine

「黄水晶／シトリン」は、本来無色の石英が形成過程で不純物の鉄を含んで黄色みを帯びたものです。淡い黄色から濃い黄色まで幅広い色調を示し、昔から飾り石として使われてきました。「シトリン」は柑橘類の一種のシトロンの果実に似た色合いの水晶という意味です。天然の黄水晶は産出が少なく、教室標本には含まれていないので、賢治が教室で原石を目にしたことはないでしょう。★[1]上京時に博物館で見たのかもしれません。賢治は夕方の黄色がかった空の色を表現するのに「黄水晶」を用います。この場合、詩のリズム感を活かすため「シトリン」とルビをふって読むことが多く見られます。

暮れやらぬ　黄水晶《シトリン》のそらに
青みわびて　木は立てり
あめ、まつすぐに降り。

——（『歌稿B』六四六）

溷った光の溷の底
夜ひるのあの騒音のなかから

★——1　『大鑛物學』にも「水晶」の項に色と名前のみが記されているにすぎません。

その他の例——

夕空

やがて太陽は落ち、黄水晶《シトリン》の薄明穹も沈み、星が光りそめ、空は青黝い淵になりました。
（童話「まなづるとダアリヤ」「連れて行かれたダアリヤ」他）

むしろこんな黄水晶《シトリン》の夕方に
（『春と修羅』所載の「風景観察官」）

★——2　この詩を推敲し翌12年に国柱会機関紙「天業民

わたくしはいますきとほってうすらつめたく
シトリンの天と浅黄の山と
青々つづく稲の氈
わが岩手県へ帰って来た

——（『装景手記』〔澱った光の澱の底〕）

しかし、『春と修羅』所載の「青い槍の葉」（大正11年）では、例外的に早朝の空の表現に用いています。★2

雲がちぎれてまた夜があけて
そらは黄水晶《シトリン》ひでりあめ

一方、ルビのない「黄水晶」の表現もあります。

おれの手はかれ草のにほひ
眼には黄いろの天の川
黄水晶の砂利でも渡って見せやう
空間も一つではない。

——（詩〔松の針はいま白光に溶ける〕）

ルビのない表記は、ガラス瓶や砂利、星や月などの物（オブジェ）の色表現に使われています。そして、この場合は例外はあるとしても「黄玉」同様、「きずいしょう」と読んでいたのではないでしょうか。

報」に発表した「青い槍の葉（挿秧歌）」では、ルビをひらがなに直しました。挿秧歌とは田植え歌のこと。

ルビのない黄水晶

黄水晶の浄瓶を刻まう。（童話〔みあげた〕）

『文語詩稿　一百篇』「岩手公園」の下書稿で「黄にかゞやける窓　→窓？黄水晶に」と推敲しています。

夜空の星

まるでけむりの草のたねほどの黄水晶のかけらまでごく精巧のピンセットできちんとひろはれきれいにちりばめられ（童話「インドラの網」）

月光

文語詩〔ゆがみつゝ月は出で〕の下書稿では、「黄水晶光天をつき…月光さらに天をつき」と月光の色の表現にも用いていました。

22-1

シトリン

貝殻状断口を見せるシトリン。ペグマタイト中に生成した大きな石英結晶の破片。

- 福島県石川郡石川町産
- 写真の左右長9.5cm
- GSJ M32630

22-2

シトリン

ペグマタイト中で成長したシトリンの結晶で、結晶の輪郭に平行な陰が透けて見えます。この陰は、成長する結晶の最前面に取り込まれた流体の粒が原因。結晶の成長に緩急があったことがうかがわれます。

- ロシア　ウラル山地産
- 高さ7.5cm
- GSJ M40177

02 | 解説●シトリン……[citrine]

水晶は、結晶構造中の珪素(4+)の一部が鉄イオン(3+)で置換されていることがあります。これと連動して、マイナスの電荷を担う酸素の一部が脱落したり、酸素から一部の電子が失われることによって電気的な中性が保たれています。このような構造の欠陥によってつくりだされた結合の緩い電子は光のエネルギーを吸収します。シトリンの場合には、紫色の光を吸収するために、その補色である黄色が現れるのです。シトリン中の鉄イオン濃度はきわめて低く、40ppm(1kg中に40mg含まれる)程度に過ぎません。地殻中では、鉄は酸素、珪素、アルミニウムに次いで多量に存在する元素であり、岩盤中を移動する熱水にも、塩化物イオン、水酸化物イオン等の形で溶けています。したがって、熱水中で成長する水晶が多少の鉄(3+)のイオンを取り込むことに不思議はありません。しかし自然界でシトリンの産出はかなり稀です。

鉄(3+)イオンを含んだ水晶が放射線にさらされると、一部の電子がはじき飛ばされ鉄(4+)ができます。アメシスト(紫水晶)に見られる紫色の発色は、結晶格子の一部を置き換えた鉄(4+)が原因だと考えられていますが、この場合も鉄イオンの濃度はシトリンと同程度です。シトリンに比べるとアメシストは圧倒的に多量に出現します。岩石中に普通に存在する天然放射線の影響により、シトリンとして生き残ることが難しいのかもしれません。黄色の着色がおおむね均一で透明感に優れたシトリンは、多面体にカットすると高価なトパーズにそっくりな見かけとなり、珍重されます。そのため、アメシストを熱処理することによって人工的にシトリンをつくっています。

水溶液から成長した水晶は、水溶液のバブルや他の鉱物を取り込んでいることがあります。草入り水晶などは、包有された鉱物固有の色が反映しているのです。同様に固体包有物のために黄色く見えている水晶は、色調がはなはだ不均一であり、シトリンとは区別されます。

鉱物学的性質	シトリン
グループ	珪酸鉱物
結晶系	三方晶系
結晶の形	六角柱状、三角柱状、塊状
化学組成	SiO_2
色	淡黄色
光沢	ガラス光沢
硬さ(モース)	7
比重	2.65
劈開	なし
断口	貝殻状
屈折率	1.544 - 1.553

03 琥珀 amber

鉱物ではありませんが、賢治にとって黄色を表現するのに「琥珀《こはく》」は欠かせません。

琥珀は漢語で、古くは虎魄と書かれました。古代中国の言い伝えでは虎を捕獲したとき、その頭があった位置を覚えておき、月のない闇夜にそこを一尺掘ると必ず小石が得られるといいます。これは虎の視線に込められた精魄が地に浸透してできた石で、これを「琥珀」と呼ぶのだそうです。日本では『倭名抄』に「クハク」と記されており、また「あかだま」とも呼ばれました。もちろん実際は樹脂の化石で、昆虫や植物の一部を取り込んでいることもしばしばあり、飾り石によく使われます。摩擦すると強い電気を生じることが昔から知られていました。

また、英語名の「アンバー amber」は燃やすと独特の香りがするので、アラビア語で「龍涎香」（本来はマッコウクジラの胆嚢からとった動物性香料）を意味するamberに由来します。『大鑛物學』にも「二百八十七度にて熔け、焔を擧げ、固有の臭気を放ちて燃ゆ」と記されており、劇「飢餓陣営」では「この実はみな琥珀でつくってある。それでゐて琥珀のやうにおかしな匂いでもない。」と主人公が果物を讃える表現にも出てきます。賢治は、鉱物・岩石名等には日本語とともに英語名などをルビで示すことが多いのですが、どういうわけか琥珀には「アンバー」のルビをふっていません。★1

★——1　童話「シグナルとシグナレス」では、すべての漢字にルビがふってあり、「雲《くも》の縞《しま》は薄《うす》い琥珀《こはく》の板《いた》のやうにうるみ」と、めずらしく琥珀にもルビがありますが、音読みのままです。童話「連れて行かれたダアリヤ」でも同様に、「日光《にっかう》は今朝《けさ》はかゞやく琥珀《こはく》の波《なみ》です」。

童話「オツベルと象」では、主人公オツベルが琥珀のパイプを持っている設定です。19世紀のヨーロッパでは、美しい細工の施された琥珀のパイプがよくつくられました。もっとも、琥珀は熱に弱いので吸い口部分に使用され、火皿部分は火に強く細工しやすい海泡石★2が用いられていました。賢治も当然知っていたことでしょう。もちろん、フィクションの世界ですから全琥珀製のパイプがあっても差し支えありませんが、オツベルの金満家ぶりを示唆するシンボルとして用いたようです。

琥珀といえば東北地方では岩手県久慈産が有名です。文語詩「八戸」に次のような一節があります。

疾みはてしわれはさびしく／琥珀もて客を待つめり（中略）
そのかみもうなゐなりし日／こゝにして琥珀うりしを

大正14年1月に賢治が三陸地方に旅行した際、久慈に寄った可能性があり、また、翌大正15年8月に妹らと八戸〜鮫〜蕪島〜種差海岸へ小旅行をしているので、そのときの描写でしょうか。

琥珀は、一般には琥珀色と呼ばれる黄色を指しますが色合いは多様です。国内外の主な産地の琥珀は新生代第三紀（約6550万〜260万年前）のものがほとんどですが、久慈産（及びいわき産）の琥珀は、主に中生代白亜紀後期（ここでは約8500万〜9000万年前）で、世界的に見ても古いものです。

賢治は、しばしば空が黄色を帯びた様子（特に明け方の空）や陽の光を琥珀に喩えて表現しています。盛岡高等農林学校時代に『アザリア　第二輯』で、次のように詠っています。

琥珀張るつめたきそらは明ちかく、おほとかげらの雲をひたせり

★——2　海泡石
粘土鉱物の一種のセピオライト sepioliteで、蛇紋岩中に変質物として産出します。第5章11海泡石の項参照。

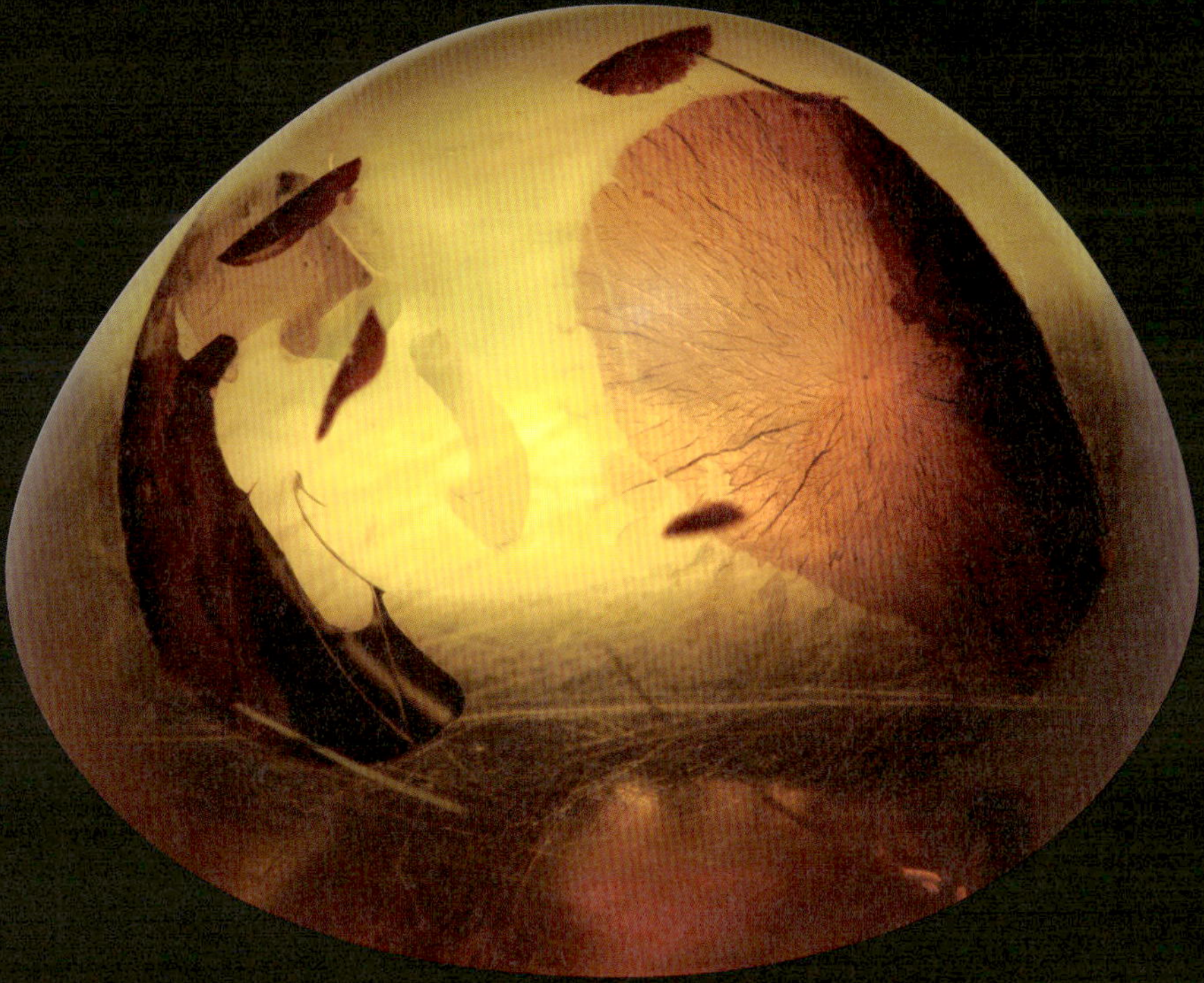

03-1

琥珀

植物の破片を含む黄色透明な琥珀。マツ科針葉樹から分泌されたもので、約4000万年前にできた地層に含まれていました。

- バルト海沿岸地方産
- 径14mm
- GSJ M32399

また、歌稿や童話にもあります。

あけがたの琥珀のそらは凍りしを大とかげらの雲はうかびて

――（『歌稿A』五四八）

雲の海の／上に凍りし／琥珀のそら／巨きとかげは／群れわたるなり

――（『歌稿B』五四八）

東が琥珀のやうになって大きなとかげの形の雲が沢山浮かんでゐた。

――（童話「風野又三郎」）

このように、琥珀色の空に浮かぶ大トカゲ（恐竜）形の雲というモチーフが繰り返し用いられています。大正7年12月16日付の友人の保阪嘉内あての葉書には、アンデルセンの物語を勉強しつつ詠んだという作品があります。

あかつきのこはくひかればしら〱とアンデルゼンの月はしづみぬ[★3]

――（『歌稿A』六九六）

あかつきのこはくひかれば白鳥のこゝろにはかにうち勇むかな

――（『歌稿A』六九七）

白鳥のつばさは張られかゞやけるこはくのそらにひたのぼり行く

――（『歌稿A』六九八）

同様に『春と修羅』「真空溶媒」での「東のそらが苹果林《りんごばやし》のあしなみに／いつぱい琥珀をはつてゐる」など、同工異曲の作品が数多く残されています。

琥珀は古代ギリシャ語で「エレクトロン」と呼んでいましたが、これは琥珀が太陽electorのように輝

大とかげの雲が浮かぶ

明け方の空

保阪嘉内あて書簡一六四でも「夜があけて黄色な真空のつめたい空にはおほとかげの雲中生代の灰色の動物が沢山うかび」とあります。

また、童話「楢ノ木大学士の野宿」でも「鼠いろの皮の雷竜」「鼠いろのがさがさした胴」という表現があり、大トカゲ（恐竜）形の雲を灰色と考えていたことがわかります。

★――3「あかつきのこはく」は、保阪嘉内あて書簡では「瑪瑙」（第4章03瑪瑙の項参照）。

その他の例――

東の空

東のそらの琥珀が微かに透けて見えて来ました（「氷と後光」習作）

昼の光

まもなく東のそらが黄ばらのやうに光り、琥珀いろにかゞ

くことからできた「太陽石」という意味でした。かのホメロスも「オデュッセイア」で「太陽のように輝く琥珀の玉を連ねた黄金の首飾り」と描写しています。賢治もしばしば琥珀で日光を表しています。

ななめに琥珀の陽《ひ》も射して
――――（『春と修羅』所載「第四梯形」）

（正午の管楽《くわんがく》よりもしげく
琥珀のかけらがそそぐとき）
――――（同「春と修羅」）

童話「まなづるとダアリヤ」では「日光は今朝はかゞやく琥珀の波です」、初期の短編「柳沢」でも日の出を「日の光は琥珀の波」と表しています。琥珀はこのように主に朝方や昼の光の表現に用いられていますが、短編「女」の冒頭では

そらのふちは沈んで行き、松の並木のはてばかり黝んだ琥珀をさびしくゆらし

と表現され、例外的に夕暮れの比喩に使われています。また、童話「十力の金剛石」には「野ばらの枝は茶色の琥珀」、童話「ペンネンネンネンネン・ネネムの伝記」では「琥珀色のビール」まで出てきます。まさしく琥珀の黄色は多様です。久慈では赤茶〜茶色の琥珀がよく産出するため、賢治は実際にさまざまな色合いの琥珀を見たのでしょう。また、琥珀の黄色を単独で詠うだけではありません。

やき、黄金に燃えだしました（童話「水仙月の四日」）

そらいっぱいにきんきん光って漂ふ琥珀の分子のやうなものを見ました。それはさっと琥珀から黄金に変り又新鮮な緑に遷って（童話「マグノリアの木」）

煙

紺青の地平線から／かすかな琥珀のけむりがあがる（『春と修羅　第二集』「北上川は熒気をながしィ」の下書稿「夏幻想」）

蜂の体色

蜂が一ぴき飛んで行く／琥珀細工の春の器械（『春と修羅』「鈴谷平原」）

白光をおくりまし
にがきなみだをほしたまへり
さらに琥珀のかけらを賜ひ
忿りの青さへゆるしませり。

これは『冬のスケッチ』所載の詩（四七）ですが、白、黄、青の色の対照を強調するのに用いています。同様の手法で琥珀を用いた作品は、『文語詩稿　一百篇』所載の詩にもあります。

遠く琥珀のいろなして、　春べと見えしこの原は、
枯草《くさ》をひたして雪げ水、　さゞめきしげく奔るなり。
峯には青き雪けむり、　裾は柏の赤ばやし、
雪げの水はきらめきて、　たゞひたすらにまろぶなり。

――（「遠く琥珀のいろなして」）

さて、現実の世界では、琥珀の微小片を加熱軟化させて加圧し大型のものに成形して商品価値を高めることも行われています。賢治は、盛岡高等農林学校時代の大正8年2月2日の父あての手紙で、九戸郡★4の琥珀を買い入れたことや、「下等な琥珀を良品に変ず」などの飾り石宝石改造を試みようとしていることを述べています。技術的な課題は別にしても、販路の開拓など商売の難しさを知る父親に一蹴され、夢みたいな話は立ち消えましたが。

★――4　九戸《くのへ》郡
当時は久慈町も含まれていました。

23-2

琥珀

杉科針葉樹から分泌された赤褐色の琥珀。恐竜が闊歩した8500～9000万年前頃の地層に含まれていました。丸みを帯びた塊で、樹脂が流動したことを示唆する《褶曲》構造が見られます。琥珀に特徴的な貝殻状断口が現れています。

03 | 解説●琥珀 [amber]

琥珀に閉じ込められた蚊から血液を分離し、そこから白亜紀に栄えた恐竜のDNAを抽出する、そして恐竜を現代に復活させるという筋立てのSF映画がありました。

琥珀は、マツ、スギ、ヒノキなどの松柏類植物から分泌された樹脂が地層の中に取り込まれ、長い時間の間に石化したものです(写真03-2)。樹皮の綻びから浸みだしたばかりの樹脂は、テルペンなどの揮発性成分を含むため粘性が低く、幹の表面を流れ下ってゆきます。傷口は樹脂でコーティングされることによって害虫が侵入しにくい状態になります。樹脂は流路に存在するさまざまな物体を巻き込みながら、最終的には地面に到達したところに集積して瘤状の塊になります。時間の経過とともに揮発性成分が逃げるため、樹脂は次第に硬さを増してゆきます。樹脂の化石ともいうべき琥珀は、水に溶けずバクテリアにも冒されないため長く土中に残留し、また河川によって海に運ばれ堆積岩に取り込まれます。そして、波浪によって海底の堆積岩層が浸食されると、琥珀は海岸へと打ち上げられます。これは琥珀が軽いためです。気泡等の軽い包有物を含んだ琥珀は水に浮くことさえあります。

バルト海沿岸では、約4000万年前の堆積岩類から洗い出された琥珀が、ロシアだけでなくスウェーデン、ノルウェー、ユトランド半島の沿岸にまで広がって分布しています。バルト海沿岸の琥珀は、紀元前から採集され交易品としてヨーロッパ各地にもたらされました。透明感のある美しい色調をもち、軟らかく加工性に富むため、琥珀は宝飾品材料として珍重されています。比重が小さいことは、大きな塊を身につけられることであり、重宝な存在です。また、琥珀の中の植物破片や昆虫類などは、地球の歴史への想像力を刺激します(写真03-1)。樹脂に生き埋めになった虫は、形はきれいに保存されているようでも、もともと虫の中にいたバクテリアによって体内から分解が進むため、DNAを抽出することは実際には困難なようです。

性質	琥珀
グループ	有機物－炭化水素／非晶質
形態	塊状
化学組成	炭素-約79%、水素-約10%、酸素-約11%で通常わずかの硫黄を含む
色	黄色、黄褐色～赤褐色
光沢	樹脂光沢
硬さ(モース)	2-2.5
比重	1.03-1.10
劈開	なし
断口	貝殻状
屈折率	1.54-1.55

猫目石 04
cat's eye

「猫目石《ねこめいし》（猫睛石／猫眼石）」は、「金緑石／クリソベリル」由来のものと、「石英」由来のものがありますが、宝石としては前者のほうが圧倒的に美しく光沢も優れ、硬度は8.5と高く価値も高いものです。猫目の由来になった特殊な光彩効果は、宝飾用のカボッションカットをしなければ見えないものです。教室標本にはなく、野外でそう簡単に取れるものでもありませんから、賢治が直接採取研磨したのではなく、単なる知識としてか、あるいは宝石店や博物館で見かけて、作品に取り入れたものでしょう。大正5年3月、盛岡高等農林学校の修学旅行で上京した折に詠んだ歌に、

うるはしく猫〔睛〕石はひかれどもひとのうれひはせんすべもなし

――（『歌稿A』二七三他）★1

「うるはしく猫睛石はひかれども」と詠われていることから、上野の博物館で金緑石由来の猫目石を見たのでしょう。童話「十力の金剛石」では、「黄色な草穂はかがやく猫睛石《キャッツアイ》」でできているとされています。

★――1 「赤き煉瓦の窓はあれども／ひとのうれひはせんすべもなし」という異稿もあります。

04-1·2

虎目石

[上／04-1] カボッションに磨かれた虎目石。キャッツアイ効果が見られます。
●左右長1.5cm

[下／04-2] 虎目石の原石。繊維に平行な破断面は絹糸のような光沢を見せます。
●南アフリカ共和国　ノーザンケープ州　プリースカ産
●写真の左右長2.5cm
●GSJ M5746

04 | 解説●猫目石と虎目石 ［cat's eye & tiger's eye］

猫の虹彩は左右方向に開閉します。明るいところでは虹彩が狭まるため黒目が上下に長くなります。光の反射により明るい帯が現れる石を、猫科動物の虹彩になぞらえて猫目石、虎目石と呼んでいます。黒いスジが現れるのが猫科動物、明るいスジが見えるのが猫目石です。

シャトヤンシーあるいはキャッツアイ効果と呼ばれる猫目石の光学現象は、鉱物中に方向のそろった繊維状の界面が存在するときに現れます。例えば、透明な石英中に、金紅石［TiO_2］の針状結晶が、長手方向をそろえて配列している場合がこれにあたります。透明な石英に入射した光は石英と金紅石の境界面で効率的に反射されますが、金紅石の結晶がきわめて細いため、結晶の長手方向に直角方向から見たときに、特に明るい帯が現れるのです。石をドーム状に磨くことによって、シャトヤンシーはより劇的に現れます。石英の他、クリソベリル（金緑石）、電気石、燐灰石、緑柱石にもシャトヤンシーを示すものがあります。とくにシャトヤンシー効果のあるクリソベリルは宝石の中で価値が高く、通常宝石で猫目石というとこれを指します。

アスベストが石英で置き換えられたものも、猫目石と同様の光学効果を見せます（写真04-1）。ナトリウムと鉄を含む角閃石であるリーベック閃石は、きわめて細い結晶が平行に集合した、いわゆるアスベスト状で産出することがあります。色が青黒いことから青石綿の名称があります。青石綿は白石綿に比べて毒性がひときわ強く殺人アスベストの異名を持っています。青石綿が酸化分解して黄褐色の鉄さびを生じ、さらに全体が石英で置換されることによって、アスベストの繊維状組織を残したまま黄褐色の硬い物質（写真04-2）になります。この繊維状組織がシャトヤンシーの原因となるのです。これは虎目石と呼ばれています。平たく磨かれた虎目石は、虎の目というよりは、縞模様の美しい虎の毛皮を思い起こさせます。工芸品に使われた例（写真04-3）を見ると、この石は蜂にも似ていることがわかります。

04-3

石のスズメバチ

胴体に虎目石を配置し、翅と足には黒曜岩を薄くあるいは細く削ったものを取り付けてつくり上げたスズメバチの像。木にとまって樹液をなめている様子をかたどっています。

● 制作：大和田 朗＋佐藤卓見

05

硫黄

sulfur

「硫黄」は火山噴出物として産出することが多いため、火山国である日本に住む私たちにとって、その臭いとともに硫黄の黄色は馴染み深いものです。
賢治の作品にも硫黄が数多く用いられています。『東京』所載の「高架線」の「黄いろに澱む硫黄」という表現をはじめ、『春と修羅』所載の「風の偏倚」や歌稿にも見られます。

(月あかりがこんなにみちにふると
まへにはよく硫黄のにほひがのぼつたのだが
いまはその小さな硫黄の粒も
風や酸素に溶かされてしまつた)
——(『春と修羅』「風の偏倚」)

月光のすこし暗めばこゝろせく硫黄のにほひみちにこめたり
——(『歌稿A』五九一)

夜をこめて硫黄つみこし馬はいま朝日にふかくものを思へり
——(『歌稿A』六四三)

硫黄の粒

『春と修羅』所載「東岩手火山」にも出てきます。「噴火口へでも入つてごらんなさい／硫黄のつぶは拾へないでせうが」。また、『春と修羅　第二集』「遠足統率」でも「ぶつぶつ硫黄の粒を噴く」、同一八四ノ変「春　変奏曲」(昭和8年／賢治没年　7月5日)で「枝いっぱいに硫黄の粒を噴いてゐます」と使っています。

★——1　賢治は同年5月以降に「鶯沢」と題する短歌をつくりました。「廃坑のうつろをいたみ立ちわぶるわが身の露を風はほしつゝ」(『歌稿A』六六七)。「うつろをいたみ」は「虚《うつろ》なさまがあまりにいたましいので」の意。

花巻から豊沢川に沿って西北に遡行すると鉛温泉があります。その上流は、童話「なめとこ山の熊」の舞台となったところです。この鉛温泉の北に位置する高狸山《たかまみやま》の中腹に、鶯沢《うぐいすざわ》硫黄鉱山がありました。その鉱山を詠った次の詩はまさに「硫黄」という題名です。

猛しき現場監督の、　こたびも姿あらずてふ、
元山あたり白雲の、　澱みて朝となりにけり。
青き朝日にふかぶかと、　小馬《ポニー》うなだれ汗すれば、
硫黄は歪み〔鳴〕りながら、　か黒き貨車に移さるゝ。

——（『文語詩稿　一百篇』「硫黄」）

元山もこの鉱山の採鉱現場のことでした。鶯沢鉱山は、明治20年（1887）頃から溶融硫黄に由来すると思われる硫黄が採掘され、当時の日本の中堅的な硫黄鉱山でした。その鉱山もやがて大正7年（1918、賢治22歳、盛岡高等農林学校研究科に進学し、稗貫郡土性調査を開始）に閉山となりました。★1

また、硫化水素と無水亜硫酸が「しやうとつして渦になつて硫黄華《くわ》ができる」（『春と修羅』「真空溶媒」）という状況は、火山の地獄谷でよく観察される光景です。『大鑛物學』下巻では「火山硫黄にして、火山活動の余勢として存する硫気孔・噴気孔等の周囲に硫黄瓦斯の直接の昇華により、あるいは硫化水素と亜硫酸瓦斯との作用による」との記述があり、当然賢治は読んでいたことでしょう。

また硫黄の焔についても、童話「学者アラムハラドの見た着物」で「硫黄を燃せばちょっと眼のくるっとするやうな紫いろの焔をあげる」、童話「銀河鉄道の夜」にも「硫黄のほのほのやうなくらいぼんやりした転てつ機の前のあかり」と、科学知識を取り入れています。

その他の例——

黄色の比喩

そのきらびやかな空間の／上部にはきんぽうげが咲き／（上等のbutter《バッタ》-cup《カップ》ですが／牛酪《バター》よりは硫黄と蜜とです）（『春と修羅』「休息」の冒頭）

硫黄いろした天球を／煤けた雲がいくきれか翔け（『春と修羅　第二集』「硫黄いろした天球を」）

硫黄のやうなお日さまの光（童話「学者アラムハラドの見た着物」）

童話「銀河鉄道の夜　初期形三」の最後に、セロのような声の人（ブルカニロ博士）が「（昔は水を）水銀と硫黄でできてゐると云ったりいろいろ議論したのだ」と語ります。

05-1

硫黄

水溶液中で成長した斜方硫黄の結晶。基質の白い結晶は霰石[$CaCO_3$]。嫌気性バクテリアの作用で石膏から生じたもの。写真05-2の昇華硫黄とは対照的に、平滑な結晶面で囲まれた端正な形を見せています。

●イタリア・シシリー島アグリジェント産

●写真の左右長7cm

●GSJM19415

硫黄

噴気孔の中で昇華した斜方硫黄の結晶。昇華硫黄に独特な骸晶状を見せている。硫黄は屈折率が高いため、脂ぎった光沢感があります。

- 北海道川上郡弟子屈町跡佐登鉱山産
- 長辺約2cm
- GSJ M12684

これは圧力鍋で調理するときに似ています。鍋を密封することで蒸気の発生を抑制し、鍋の中を高温に保つことができるため、調理の能率が上がるのです。密封した鍋を加熱し続けると、圧力はどんどん高くなりますので、安全弁を設けて鍋の耐圧限界よりも低い圧力に保つように蒸気を逃がしています。安全弁から噴き出す蒸気は、火山・温泉地帯の噴気に喩えることができるでしょう。

噴気活動が長期間にわたり継続すると、地表に昇華硫黄が蓄積されたクラスト(殻)ができます。硫黄の昇華は蒸気の流路を狭めるため、マウンド下部は次第に圧力鍋状態に近づいてゆきます。クラストは蒸気の圧力で押し上げられドーム状のマウンドとなり、クラストの下部には溶融硫黄が溜まります。水蒸気圧がマウンドの重量に打ち勝つだけの強さに達したとき、マウンドを突き破って溶融硫黄が流れ出します。この現象の最も劇的な例として世界的に著名なのが、知床硫黄山の1935年噴火です。溶融硫黄は、噴火口からオホーツク海に至る延長1400mの谷を高純度硫黄で埋め尽くしました。硫黄の噴出は8ヶ月間で20万トンにも及びましたが、噴火後、徹底的に採掘され、今日ではその痕跡さえ見ることができません。

噴気孔では蒸気の圧力と温度が急激に低下するため、硫黄の結晶は急速に成長し、通常、結晶面よりも稜が飛び出した骸晶状になっています(写真05-2)。これに対し、温度勾配の小さい水溶液中では結晶成長が緩慢に進むため、平滑な結晶面を備えた大型結晶になります(写真05-1)。

硫黄は重要な鉱物資源で、火薬、肥料、殺虫剤、医薬品、合成ゴムの原料として広汎に利用されています。

05-3

火山の噴気孔

火山の噴気孔に昇華する硫黄。火山ガスは水蒸気と二酸化炭素のほかに、刺激性の強い硫黄化合物や塩酸などを含むため、眼にも呼吸器にもよくありません。火山ガスの濃厚なミストの中、風が蒸気を吹き払った瞬間に撮影。

●大分県玖珠郡久住町九重山

05 | 解説●硫黄……[sulfur]

硫黄の地殻存在度は酸素、珪素、アルミニウムなどに比べると圧倒的に低く0.026%に過ぎません。硫黄は珪酸塩鉱物にはあまり含有されず、火山ガスに濃集するほか石膏などの硫酸塩鉱物や、黄鉄鉱に代表される硫化鉱物、そして自然硫黄として出現し、存在度が低い割には確固たる存在感を示しています。自然硫黄は、《黄色だから硫黄》、《硫黄は常に黄色》といった、極度に単純化された鑑定基準とともに、広く知られています。

硫黄は、酸素や水との反応や温度によって千変万化します。水素と結びついて硫化水素［H_2S］（温泉地の香り。腐卵臭をもった毒性の高いガス。硫黄は-2価）をつくり、元素単体で硫黄S（0価）を、また、酸素と結びついて二酸化硫黄［SO_2］（高温火山ガスに含まれる刺激性の強いガス。硫黄は+4価）をつくります。比較的高温で二酸化硫黄と硫化水素が反応するとガス状の硫黄ができ、それが硫黄の融点より低温の噴気孔に達したところで硫黄の結晶になります。温泉環境では、硫化水素は硫黄バクテリアの作用でも酸化され、硫黄や硫酸へと姿を変えます。酸素と結びついた硫黄が水に溶け込むことによって、強い腐食性をもった硫酸［H_2SO_4］（硫黄は+6価）ができます。温泉地から流れ出す川や火口湖が強烈な酸性を示すのはそのためです。

単体硫黄は、低温から高温に向かって、斜方硫黄→単斜硫黄→溶融硫黄と状態を変えます。水の沸騰温度（1気圧では100℃）と硫黄の溶融温度（112.8～119.0℃）は近いため、温泉地帯の地下浅所では、結晶状態の硫黄と溶融状態の硫黄が共存していることもあります。

地表下で沸騰した水から分離し、蒸気とともに噴気孔に達した硫黄ガスは、そこで斜方硫黄を昇華します（写真05-3）。圧力が高いところでは水の沸騰点が高くなり、硫黄の溶融点以上の温度が実現されることがあります。例えば、噴気帯の地下や火口湖の水底では硫黄の融点以上の温度になっていることがあります。

鉱物学的性質	硫黄
グループ	元素鉱物
結晶系	斜方晶系（＜95.6℃）、単斜晶系（95.6℃＜）
結晶の形	両錐状、厚板状、針状
化学組成	S
色	黄色、黄橙色、灰白色
光沢	樹脂光沢、油脂光沢
硬さ（モース）	1.5－2.5
比重	2.05－2.091
劈開	一方向に完全
断口	貝殻状
屈折率	1.957－2.245

5-4

硫黄

温泉地帯の噴気孔に析出した斜方硫黄の錐状結晶。

- 青森県むつ市恐山産
- 写真の左右長約1.5cm
- GSJ M16230

――ルビーよりも赤くすきとほりリチウムよりもうつくしく――

【童話「銀河鉄道の夜」】

――わたくしはまた西のわづかな薄明の残りや
うすい血紅瑪瑙をのぞみ／しづかな鱗の呼吸をきく――

【『春と修羅　第二集』所載「薤露青」】

――このとき海霧《ガス》はふたたび襲ひ
はじめは翔ける火蛍白石や――

【『春と修羅　第二集』所載「函館港春夜光景」】

第4章
赤い鉱物

赤のあらゆるphase

赤も暖色の一つですが、また興奮感色でもあり「情熱」「暖かさ」「愛」「激怒」などを連想させるとされています。盛岡中学で賢治の10年先輩であった石川啄木[★1]の「詩稿」にある「赤！赤！赤といふ色のあるために　どれだけこの世が賑やかだろう。花、女、旗、それから血！砂漠に落つる日」という一節もよくそれを表しています。賢治も詩「心象スケッチ　林中乱思」で赤を表現しています。

柏の枝と杉と
まぜて燃すので
こんなに赤のあらゆるphaseを示し
もっともやはらかな曲線を
次々須臾に描くのだ

炎のさまざまな赤さを理解していましたが、どういうわけかその他の色ほど作品中で多様な表現は使われていません。やはり賢治の色は「青」だからでしょうか。したがって赤い鉱物の引用も少ないのですが、ピンク色や紫色など赤系統の色もあわせて紹介します。

★——1　石川啄木（1886—1912）
明治時代を代表する詩人・歌人。歌集『一握の砂』『悲しき玩具』は有名です。啄木も賢治も盛岡城址公園をしばしば逍遥したことが知られています。

01 ルビー ruby

「ルビー／紅玉」は、よく知られた鋼玉の一種で赤色の宝石です。古代インドでは「宝石の王」として珍重されたほどでした。ラテン語で赤を意味するrubeus、ruberに由来します。『大鑛物學』でも、「ルビー（紅玉）」と記述されています。サファイアが「青玉」なら、ルビーを「赤玉」とすればいいようなものですが、「赤玉」という語はすでに新潟県佐渡産の碧玉の一種で庭石としても有名な「赤玉」があるので、「紅玉」としたものでしょう。

賢治も次のように「紅玉」やサファイアの「青宝玉」に対応させた「紅宝玉《ルビー》」を用いています。童話「青木大学士の野宿」に良い例があります。

> たとへば僕は一千九百十九年の夏、ビルマへ行って、紅宝玉《ルビー》を探したがね、どうだ、もう山へはいると、紅宝玉《ルビー》がザラザラザラザラザラ、僕に飛び付いて来て、はなれないぢゃないか。

これを発展させた「楢ノ木大学士の野宿」では、主人公のほら話もさらに大きくなります。

01-1·2

ルビー

[上／01-1] ルビーの蛙。タンザニア産の角閃岩を彫刻したもので、ルビー部分で蛙を形作り、ルビーを囲んでいたゾイサイトを緑の葉に仕立てています。

- タンザニア産
- 蛙の左右長が約8cm
- オスロ自然史博物館収蔵

[下／01-2] 再結晶した石灰岩に含まれる、ルビーの六角柱状結晶。石灰岩は約5億年前に堆積し粘土分を含んでいました。ルビーは紫色を帯びています。

- 写真の左右長約3cm
- ベトナム　イエンバイ地方産

たとへば僕は一千九百十九年の七月に、アメリカのヂャイアントアーム会社の依嘱を受けて、紅宝玉《ルビー》を探しにビルマへ行ったがね、やっぱりいつか足は紅宝玉の山へ向く。それからちゃんと見附かって、帰ろうとしてもなかなか足があがらない。つまり僕と宝石には、一種の不思議な引力が働いてゐる、深く埋まった紅宝玉どもの、日光の中へ出たいといふその熱心が、多分は僕の足の神経に感ずるのだらうね。その時も実際困ったよ。山から下りるのに、十一時間もかかったよ。けれどもそれがいまのバラゲの紅宝玉坑さ。

ちなみに現実世界では1919年は大正8年、23歳の賢治は盛岡高等農林学校研究科に在籍し、地質・土壌調査に精出していた頃です。また、ルビを使わずカタカナで「ルビー」を用いる場合もあります。

黒い巨きな立像が
眉間にルビーか何かをはめて
三っつも立って待ってゐる

――――（『春と修羅　第三集』「疲労」）

童話「十力の金剛石」にも、「ルビーの壺」や「ルビーの絵の具皿」「（野ばらの）実はまっかなルビー」などという表現が出てきます。いずれも比喩ではなく、宝石のルビーそのものの端的な用い方です。『東京』所載の「高架線」では、「酸化礬土と酸水素焔に〔て〕つくりたる／紅きルビーのひとかけを」とルビーの人工合成にも言及しています。賢治は宝石の人工合成によって生活の資を得る算段をしていたことが残された書簡からもうかがえます。

紅宝石を用いた作品

『文語詩稿　一百篇』〔南風の頬に酸くして〕下書稿では、「崖上三の黒影あり立像あり／眉間紅宝石を装塡せり」と、同じモチーフながら「紅宝石」としています。紅宝石の例は他にも「金と紅宝石を組んだやうな美しい花皿」（童話「ひかりの素足」）、「大臣は紅宝石の首かざりをはづしました」（童話「四又の百合」）。

この他、単独で用いるのではなく、青色や黄色などのさまざまな色のスペクトルの一つとして、対比的に取りあげています。いくつか例を挙げましょう。

パッセン大街道のひのきから
しづくは燃えていちめんに降り
はねあがる青い枝や
紅玉やトパースまたいろいろのスペクトルや
もうまるで市場のやうな盛んな取引です
——(「冬と銀河ステーション」)

雨が霙に変ってくると
室はよどんで黄いろにくらく
仰いでさびしく息すれば
おゝまた左肺よ左肺のなかに
にごったルビーの洋燈がともる
——(詩〔雨が霙に変ってくると〕)

童話「銀河鉄道の夜」では、星「蝎《さそり》の火」の対比にルビーを用いています。

ルビーよりも赤くすきとほりリチウムよりもうつくしく酔ったやうになってその火は燃えてゐるのでした[★1]。

★——1 リチウムは、原子番号3の元素Liで、ギリシャ語で「石」を意味するlithosに由来します。リチウムの炎色反応は「深紅色」で、これをルビーの赤色に対比させた表現です。

01 | 解説●ルビー [ruby]

コランダム（鋼玉）のうち赤いものをルビー、それ以外のものをまとめてサファイアと呼びます。赤いコランダムは特別扱いです。他の色に比べてもともと産出が少なく、加工に適した大きな原石となるときわめて稀であるためです。微量のクロム（1%弱）がルビーの赤い色の原因です。クロムの存在はまた、ルビーが大きく成長しにくい原因ともなっています。

コランダムの化学組成は酸化アルミニウム、そしてアルミニウムは地殻の主成分元素の一つです。コランダムはさまざまなプロセスで形づくられます。ペグマタイトや、泥質堆積岩を起源とする変成岩（写真01-1、01-3）、ラテライト（熱帯雨林〜温帯モンスーン地帯に発達する、鉄とアルミニウムに富んだ赤褐色の土壌）起源の変成岩、粘土を含むやや不純な石灰岩起源の変成岩（写真01-2）にコランダムは出現します。コランダムは、きわめて硬く、化学的にも安定した物質なので、風化の進行とともに岩石から開放され、砂礫となって河川沿いに運ばれます。石英や長石を主成分とする普通の岩石に比べると比重が3割ほど大きく、磁鉄鉱をはじめとする他の重鉱物とともに堆積物中に濃集します。宝石になるコランダムのほとんどは、砂礫層から回収されています。

ところで、ルビーはサファイアに比較してなぜ産出が稀なのでしょうか？　通常、コランダムができる岩石には、赤い発色の原因となるクロムがわずかしか含まれないことがまず挙げられます。クロムは、蛇紋岩、かんらん岩などの超塩基性岩に濃集しますが、通常コランダムを含む岩石である、花崗岩、ペグマタイトなどの酸性火成岩、そして、石灰岩や多くの堆積岩起源の変成岩中ではクロム濃度が低いのです。宝石品質のルビーは、ミャンマー、タイ、スリランカのほか、ベトナム、マダガスカルで産出します。透明で、傷がない原石は、ダイヤモンド以上の高値がつくといわれています。コランダムの人工合成の歴史は古く、すでに1902年から行われています。ルチルの結晶を規則的に配列させたスタールビーもつくることができます。

鉱物学的性質	ルビー
グループ	酸化鉱物
結晶系	三方晶系
結晶の形	樽形の六角柱状、板状
化学組成	Al_2O_3
色	赤色
光沢	金剛光沢〜ガラス光沢
硬さ（モース）	9
比重	4.0-4.1
劈開	なし
断口	貝殻状
屈折率	1.76-1.77

ガーネット

ガーネットのうち、鉄に富むアルマンディン(鉄礬柘榴石)。花崗岩ペグマタイト中に、鱗片状の白雲母に埋まった状態で産出したもの。理想的な偏菱24面体の結晶形を見せています。

- 茨城県桜川市山の尾産
- 結晶の大きさ〜8mm
- GSJ M35066

02 柘榴石／ガーネット

garnet

「柘榴石《ざくろいし》／ガーネット」は、柘榴の果実に色や形が似ていることから、柘榴の木のラテン名 granatus に由来して命名されたものです。柘榴の実については童話「風野又三郎」で

どっどどどうど　どどうど　どどう、
ああまいざくろも吹きとばせ
すっぱいざくろもふきとばせ
どっどどどうど　どどうど　どどう

と繰り返し歌われていますが、[1]鉱物の柘榴石自体は作品にあまり用いませんでした。数少ない例に、短編「泉ある家」[2]があります。これは、土性調査に来た主人公二人を描いた作品です。主人公らが宿を取るとすぐに調査結果のまとめやサンプルの整理などをするさまは、賢治が盛岡高等農林学校研究科時代に依頼された稗貫郡土性調査の体験をもとにしていることがわかります。この中に「ひるの青金の黄銅鉱や方解石に柘榴石のまじった粗鉱の堆を考へながら」という記述があります。

★──1　この「風野又三郎」を発展させた童話「風の又三郎」では、「どっどどどうど　どどうど　どどう、／青いくるみも吹きとばせ／すっぱいくゎりんもふきとばせ／どっどどどうど　どどうど　どどう」となりました。

★──2　「泉ある家」大正7年以降執筆の初期短編作品。

ガーネット」は珪酸塩鉱物の中の1グループ名で、一般化学式は「$A_3B_2(SiO_4)_3$」で表されます。化学式のAには鉄(2+)、マンガン、マグネシウム、カルシウムなどが入り、Bにはアルミニウム、鉄(3+)、クロムなどが入ります。Bが主としてアルミニウムで占められるものに、色が淡く透明感の高い結晶が多く見られます。赤系統の色調は、Aに鉄が入ったアルマンディン(鉄礬柘榴石)、マンガンが入ったスペッサルティン(満礬柘榴石)、マグネシウムが入ったパイロープ(苦礬柘榴石)、そしてカルシウムが入ったグロッシュラー(灰礬柘榴石)に現れます。パイロープは常に赤い色を示すため、ギリシャ語で《火》と《眼》を表す言葉にちなんで命名されました。

アルマンディンは、緑泥片岩、雲母片岩、角閃片岩、片麻岩などの広域変成岩中に含まれて広く産出するほか、花崗岩や流紋岩の副成分鉱物(写真02-1)としても産出します。パイロープは、時に高温高圧下でできるエクロジャイトという変成岩(写真02-2)中に緑色のオンファス輝石をともなって産出するほか、ダイヤモンドの母岩であるキンバーライト中に含まれます。グロッシュラーはマグマにより熱変成を受けた泥質石灰岩に多量に産出します。スペッサルティンは、火成岩の副成分の他、熱変成を受けた層状マンガン鉱床にバラ輝石にともなわれて産出します。いずれも色が美しく透明なものはファセットカット(写真02-3)され、透明度の悪いものはカボッションにカットされ宝石として利用されます。

ガーネットは硬く風化しにくいため、また珪酸塩鉱物としては比重が大きいため、河川の堆積物に濃集します。奈良県の二上山では、火山岩の副成分として含まれていたアルマンディンが二次的に濃集しており、かつて研磨剤として採掘されました。これは二上山南方にある金剛山地にちなみ金剛砂と呼ばれました。粒をそろえた金剛砂を貼り付けたものが紙ヤスリです。

鉱物学的性質	アルマンディンとパイロープ
グループ	珪酸塩鉱物(ネソ珪酸塩)
結晶系	立方晶系
結晶の形	偏菱24面体、菱形12面体
化学組成	アルマンディン $Fe_3Al_2(SiO_4)_3$ パイロープ $Mg_3Al_2(SiO_4)_3$
色	暗赤色
光沢	ガラス光沢
硬さ(モース)	7-7.5
比重	3.7-4.3
劈開	なし
断口	貝殻状
屈折率	1.74-1.83

02-2:3

ガーネット

[右／02-2] マグネシウムに富むガーネット、パイロープ（苦礬柘榴石）。エクロジャイト中に現れたもので、結晶面が判然としない赤い球状粒子がパイロープ、その間を埋める鮮緑色の結晶は、ナトリウムを含んだ輝石であるオンファサイト。

●ノルウェー　アルメニンゲン産

●写真の左右長約10cm

●GSJ M30677

[上／02-3] ガーネットのカット標本。色が淡く、包有物やひびがないために透明感に優れた石は、ファセットカットされます。

●長軸方向9mm

●GSJ M31682

03 agate 瑪瑙

「瑪瑙《めのう》／アゲート」は、透明度の異なる帯が同心円状を呈する微晶質玉髄の一種です。賢治が盛岡中学校時代、盛岡郊外の鬼越付近によく出かけて瑪瑙採集★1をしたことは、歌にも詠っています。例えば初期の短歌作品が知られています。

鬼越の山の麓の谷川に瑪瑙のかけらひろひ来たりぬ
——（明治42年4月）

瑪瑙の色は変化に富んでいますが、賢治は特に赤い瑪瑙を用いていました。

ひとは瑪瑙のやうに／酒にうるんだ赤い眼をして
——（詩「地主」）

まっ青な顔の大きな木霊が赤い瑪瑙のやうな眼玉をきょろきょろさせて
——（童話〔若い木霊〕）

あなたがたは赤い瑪瑙の棘でいつぱいな野はらも
——（『春と修羅』所載「小岩井農場　パート九」）

★——1　鬼越の瑪瑙
付近に分布する火山岩などのすき間に析出し、岩石の風化浸食によって洗い出されたものとされています。

その他の例——

山火
血紅の火が／ぼんやり尾根をすべったり／またまっ黒ないたゞきで／奇怪な王冠のかたちをつくり／焔の舌を吐いたりすれば／瑪瑙の針はしげく流れ（『春と修羅　第二集』四六「山火」）

赤以外の瑪瑙
瑪瑙はさまざまな色彩を呈しますから、「浅黄の瑪瑙の、しづかな夕もや」（童話「雁の童子」）と、薄い黄色の色調に用いている例もあります。

月のまはりは熟した瑪〔瑙〕と葡萄（『春と修羅』「東岩手火山」）

童話「ひかりの素足」でも、「まったく野原のその辺は小さな瑪瑙のかけらのやうなものでできてゐて行くものの足を切るのでした」「赤い瑪瑙の野原」「鋭い鋭い瑪瑙のかけらをふみ」「赤い瑪瑙の棘」と、地獄の禍々しい様子に使われています。一方、空の表現でも夕景の描写に多用されています。

こんなすてきな瑪瑙の天蓋《キャノピー》
その下ではぼろぼろの火雲が燃えて
――――（『春と修羅』「樺太鉄道」）

わたくしはまた西のわづかな薄明の残りや
うすい血紅瑪瑙をのぞみ
しづかな鱗の呼吸をきく
――――（『春と修羅　第二集』「薤露青」）

それから富士の下方の雲は
どんどん北へながれてゐて
みんなまっかな瑪瑙のふうか
またごく怪奇〔な〕けだもののかたまりに変わってゐます
――――（「三原　第三部」）

書簡中の短歌にもあります。大正7年12月16日の親友保阪にあてた歌では朝焼けを表しています。

あかつきの瑪瑙光ればしら〳〵とアンデルゼンの月は沈みぬ[★2]。

俄かに月天子の座に瑪瑙の雲がかかりくらくなった（童話「龍と詩人」）

瑪瑙木

ちょっと変わった使い方では、童話〔ペンネンネンネンネン・ネネムの伝記〕に「世界長は身のたけ百九十尺もある中世代の瑪瑙木でした」とありますが、「中世代」は「中生代」、「瑪瑙木」は「珪化木」のことでしょう。

瑪瑙そのものを素材とした表現には、「瑪瑙の箱」（童話「貝の火」）、「瑪瑙で飾られた玉座」（童話「四又の百合」）があります。

「瑪瑙」については「アゲート」というルビをふっていませんので「めのう」と読んだのでしょう。

★――2　第3章03琥珀の項参照。

03-1·2

瑪瑙

[上／03-1] 赤い縞瑪瑙の切断面。輪郭にほぼ平行な同心円状の縞模様が発達しています。この輪郭は、岩石中にあった空洞の壁面の形です。空洞への水の出入り口付近では、縞模様が乱れています。

●ブラジル産　研磨標本
●長径 13cm
●GSJ M40185

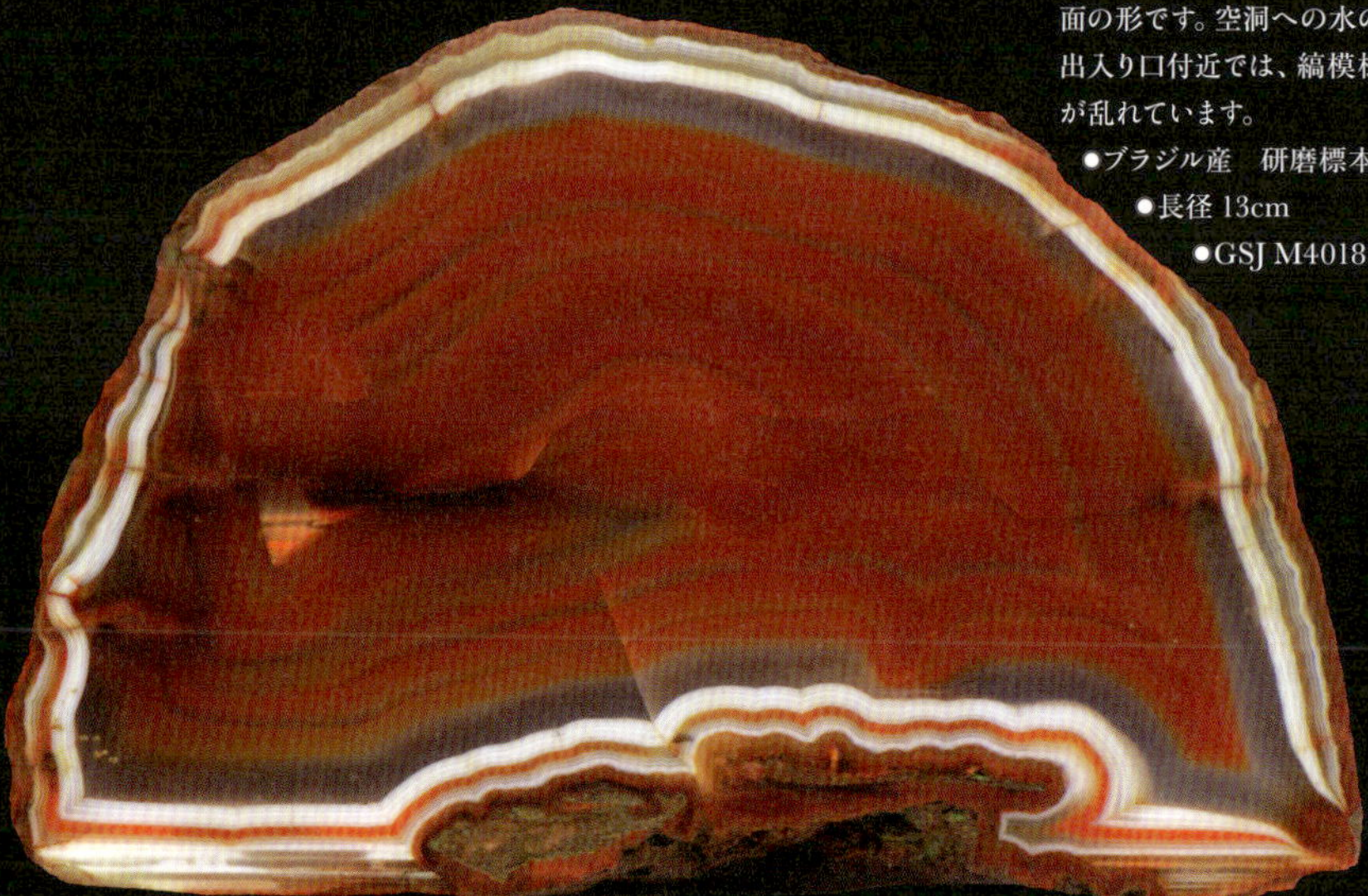

[下／03-2] 瑪瑙のカメオ。純白と褐色の層が交互に重なった瑪瑙を削りこみ、赤褐色の背景に婦人像を白く浮き上がらせたもの。この種のカメオには色調のコントラストが強い瑪瑙が最適。

●長径5cm
●オスロ自然史博物館所蔵

03-3

瑪瑙

瑪瑙の外形。カーネリアンあるいはサードと呼ぶにふさわしい瑪瑙。縞模様はそれほど顕著ではありません。海底に噴出し角礫状に破砕された安山岩溶岩の不規則なすき間を埋めてできたもの。白っぽく、細かい凹凸がたくさんある側が安山岩と接していた面です。

- 北海道瀬棚郡今金町珍古辺産
- 写真の左右長約11cm
- GSJ M1071

03 解説●瑪瑙 [agate]

個々の結晶粒子が見分けられないほど微細な石英粒子の集合体を玉髄と呼び、そのうち同心円〜同心多角形、あるいは方向のそろった平行な沈澱模様が明瞭に見えるものを瑪瑙と呼んでいます。長円形の外観を馬の脳に見立てた名称です。玉髄や瑪瑙は、様々な岩石中の不規則な割れ目や火山岩の気泡伝いに温かい水が移動するときに、シリカが沈澱してできたものです。縞模様の厚さや色調のコントラストは、必ずしも一様ではありません。水の流入とシリカの沈澱が間欠的に起こるときや、シリカ以外の有色物質が共沈するときに、明瞭な縞模様ができたり、赤く色づいたりします。

同心円や同心多角形の縞状構造には必ず乱れがあります。カットした面を注意深く眺めると、おおむね外形に調和した縞模様の一部に、それを高角度に切るような漏斗状の構造がある(写真03-1)ことに気づきます。これは水が出入りした通路の痕跡です。沈殿物が蓄積して水の通りが阻害されるようになると、シリカの沈澱は間欠的になります。流路が閉塞すると、水とともにシリカの供給が途絶えるため、中央部に空間を残した玉髄や瑪瑙ができます。

血赤色〜橙赤色半透明の玉髄はカーネリアン、淡褐色〜濃褐色半透明のものはサード(写真03-3)、白と赤系統の色調が薄層となって交互に積層しているものはサードニクスと呼ばれます。

これらの赤い着色は、コロイド状の酸化鉄が原因です。シリカとともに酸化鉄が沈澱するのは、水はあまり強い酸性ではなかったこと、また、鉄さびを生ずる程度に酸化的だったことを意味します。赤い瑪瑙は、地表下あるいは海底面下の比較的浅いところでできたのでしょう。

無色〜灰白色の玉髄や瑪瑙は、あまりにもありふれており、宝石として顧みられることはありません。しかし、硬く割れにくく、耐摩耗性と耐薬品性にも優れていることから、機械部品や、岩石を微粉砕する容器の材料として活用されています。

鉱物学的性質	瑪瑙
グループ	珪酸鉱物
結晶系	三方晶系
結晶の形	塊状で内部は同心円〜同心多角形の縞模様をもつ
化学組成	SiO_2
色	白色、灰色、淡青灰色、黄色、褐色、赤色

04 霰石

aragonite

「霰石《あられいし》／アラゴナイト」は、無色〜白色をはじめ、さまざまな色合いを呈します。真珠の無機質の大部分は、この霰石です。一般に赤い鉱物ではありませんが、特に赤色の縞が混じっている良質のものは、飾り石などに利用されます。

賢治も霰石／アラゴナイトを赤〜紫色の表現に使っています。

赤縞入りのアラゴナイトの盃で
この清冽な朝の酒を
胸いっぱいに汲まうでないか

――（『春と修羅　第二集』「ほほじろは鼓のかたちにひるがへるし」）

野ばらの枝は茶色の琥珀や紫がかった霰石《アラゴナイト》でみがきあげられ

――（童話「十力の金剛石」）

このように「アラゴナイト」という音の響きを活かしています。

04-1

霰石

三つの個体が双晶することにより偽六角柱状になった霰石が、放射状に集合したもの。このタイプの霰石は、アンテナを突き出した旧ソ連の人工衛星にどことなく似ていることから、《スプートニク》のニックネームを持ちます。

●モロッコ　タズータ鉱山

04-2

霰石

温泉から沈澱してできた霰石。微細な結晶粒子の間にコロイド状の水酸化鉄を含有するために赤褐色を帯びます。色調の濃淡は水酸化鉄の含有率を反映しています。

- 長野県下伊那郡大鹿村鹿塩産
- 写真の左右長約2.5cm
- GSJ M40297

04 | 解説●霰石 [aragonite]

霰石は方解石と同様に炭酸カルシウム［$CaCO_3$］でできています。しかし、より密な結晶構造を持つため、方解石より重く、また硬いのです。方解石に特徴的な菱面体の劈開もありません。鍾乳洞や温泉湧出孔に、霰に似た球状の集合体をつくって産出することから霰石の名が付きました。三連双晶は六角柱状に見えます（写真04-1）。

地表〜地下浅所の温度圧力条件では、霰石よりも方解石の方が安定します。たしかに、自然界では方解石の方が圧倒的に多量に産出するのですが、本来不安定なはずの霰石ができることがあります。水溶液の中にマグネシウムや硫酸イオンが溶け込んでいると方解石の生成が妨げられるため、方解石に代わって霰石が沈澱するのです。温泉沈殿物（写真04-2）、洞窟中の鍾乳石、そして貝殻の内側にできる真珠層、珊瑚の骨格などがその好例です。

最初霰石としてできたものが、後に、より安定した方解石に置き換わっていることは珍しくありません。とくに、水溶液中では霰石から方解石への変化が促進されます。

霰石はもともと無色〜白色であることが多いのですが、水酸化鉄を包有したり、その皮膜をまとっているときには赤褐色になります（写真04-1、04-2）。

世界的に有名な霰石の産地として、スペインのアラゴン地方、モロッコのゼフルー地方、イタリアのシシリー島、そして島根県の松代鉱山などを挙げることができます。それらは石膏を含んだ粘土質の堆積岩中にできたもので、偽六方柱状の美しい双晶をつくって産出します。松代鉱山からは、六方柱状霰石の球状集合体が産出しました。球は大きなものではバレーボール大にも達しました。英名アラゴナイトは産地のアラゴンから取った名称です。

鉱物学的性質	霰石
グループ	炭酸塩鉱物
結晶系	斜方晶系
結晶の形	柱状、針状
化学組成	$CaCO_3$
色	無色、白色、灰色、赤色、緑色、淡紫色
光沢	ガラス光沢〜樹脂光沢
硬さ（モース）	3.5－4
比重	2.9
劈開	明瞭
断口	亜貝殻状
屈折率	1.530－1.685

05 火蛋白石／ファイアオパール fire opal

「蛋白石《たんぱくせき》」★1の一種「火蛋白石／ファイアオパール」★2も、賢治が好んだ赤い鉱物といえるでしょう。有名な例が童話「貝の火」です。その名を持つ宝玉が重要な役割を示し、これが「火蛋白石」と考えられています。川に落ちたひばりの子を助けた兎の子ホモイは、鳥の王様から宝玉を授けられます。

ひばりはさっきの赤い光るものをホモイの前に出して、薄いうすいけむりのようなはんけちを解きました。それはとちの実位あるまんまるの玉で、中では赤い火がちらちら燃えてゐるのです。ひばりの母親が又申しました。
「これは貝の火といふ宝珠でございます。王さまのお言伝《ことづて》ではあなた様のお手入れ次第で、この珠はどんなにでも立派になると申します。」

しかし慢心したホモイが悪事に加担するようになると、「貝の火」は白く濁り、割れて砕け、ホモイの目に突き刺さってしまいます。★3 そして再生した「貝の火」は何処へと飛び去ります。火蛋白石は珪酸が主成分ですが、水を含んでいるため保持が難しいという性質をうまく作品に取り入れています。

★——1　蛋白石（オパール）は第5章白い鉱物に記載しますが、「貴蛋白石（プリシャスオパール）」にも赤や紫色のものがあります。

★——2　ナポレオンの皇后ジョゼフィーヌの所持していた「トロイの炎上」は最上級の火蛋白石といわれています。

その他の例——

海霧
このとき海霧《ガス》はふたたび襲ひはじめは翔ける火蛋白石や（『春と修羅　第二集』「函館港春夜光景」）

★——3　中世ヨーロッパでは、オパールは「眼の石」とも呼ばれていました。眼病を防ぎ、視力を強化するといわれていたことや、持ち主が病気の時は輝きを失うと信じられていたことは暗示的です。

05-1

ファイアオパール

流紋岩の気泡を満たしたファイアオパール。透明感をもった、黄色～赤色で、一部に虹色の遊色が現れています。

- メキシコ産
- 写真の左右長約3.0cm
- 地質標本館収蔵

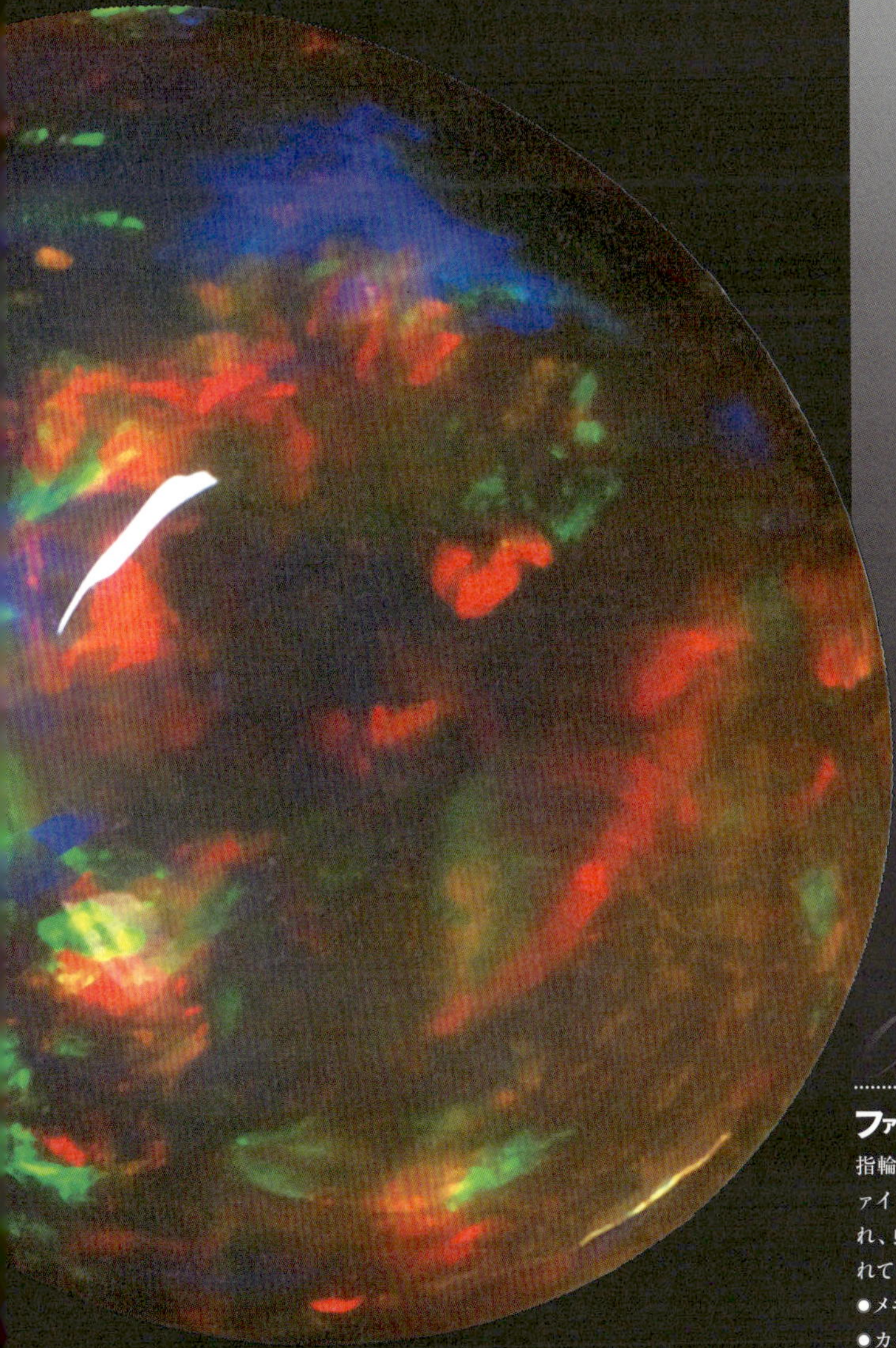

05-2

ファイアオパール

指輪に加工された分厚いファイアオパール。透明に優れ、虹色の遊色が美しく現れています。

- メキシコ産
- カボッションカットの長径12mm
- 地質標本館収蔵

05 | 解説●ファイアオパール……［fire opal］

蛋白石は、水を含んだ非晶質珪酸です。径0.15～0.3ミクロン程度の球状シリカが積み重なったもので、球体のサイズや配列が規則正しいときに、透明感が高くなり、回折光の干渉による遊色も現れます。

火蛋白石は、含有される微量の鉄のために黄色～赤色の地色を持つオパールです。ファイアオパールという名称の方が通りが良いかもしれません。

火蛋白石はメキシコの特産で、流紋岩の中に含まれています（写真05-1）。流紋岩は、火山岩の一種で、シリカが70%以上も含まれています。流紋岩マグマが地表付近に上昇してくるとき、マグマの結晶化にともなって絞り出された水蒸気などのガス成分が気泡をつくります。気泡は、流紋岩が冷えて流動性を失ったときに空洞として残り、その中に侵入した水から非晶質シリカがゆっくりと沈澱するのです。こうしてできる非晶質シリカは整然と積層した球状シリカで構成されており、しばしば宝石品質のオパールになっています。

オーストラリア産のプリシャスオパールは、堆積岩のひびに浸透した地下水から沈澱したものであり、厚みのある原石が得にくいという恨みがあります。

それに対し、流紋岩の気泡を埋めたメキシコ産オパールの場合は、気泡がバルーンのような形状をしているため、大型のカボッション（写真05-2）をつくれるだけの分厚い原石が得られます。気泡が小さく、また不規則な形状をしている場合でも、周囲の流紋岩もろともにオパールを研磨して利用しています。

鉱物学的性質	ファイアオパール
グループ	準鉱物
結晶系	非晶質
形態	塊状
化学組成	$SiO_2 \cdot nH_2O$
色	白色、灰色、虹色
光沢	ガラス光沢～樹脂光沢
硬さ（モース）	5-6
比重	2.0-2.25
劈開	なし
断口	貝殻状
屈折率	1.44-1.46

06 薔薇輝石

rhodonite

ピンク系統の鉱物では、輝石の一種「薔薇輝石《ばらきせき》／ロードナイト★1」があります。

薔薇輝石や雪のエッセンスを集めて、／ひかりけだかくかゞやきながら
その清麗なサファイア風の惑星を／溶かさうとするあけがたのそら

これはサファイアの項で登場した詩「暁穹への嫉妬」ですが、明けそめてゆく空の色を薔薇輝石で表現しています。今回はこの詩を改作した文語詩「敗れし少年の歌へる」の、末尾に注目します。

よきロダイトのさまなして／ひかりわなゝくかのそらに
溶け行くとしてひるがへる／きみが星こそかなしけれ

賢治一流の言い換えで、「ロードナイト」ではなく「ロダイト」と詠っています。★2

★——1　『大鑛物學』下巻（大正7年刊）には、東北地方の産地として「陸中國上閉伊郡大槌町」が挙げられています。教室標本中の島津製作所標本部製の標本No.153は、陸中國上閉伊郡大槌村（明治22年大槌町に）産の「Rhodonite 薔薇輝石」です。賢治が、大正8年2月2日の父あての手紙で、大槌に薔薇輝石が産出することを記したのは、これらが出典でしょう。

★——2　柘榴石の一種に「ロードライト」がありますが、これは1880年代にアメリカで発見されたものです。賢治も知らなかったと思いますので、ここから「ロダイト」と用いたのではないでしょう。

06—1·2

バラ輝石

[右／06-1] バラ色が美しいバラ輝石の結晶。

●ブラジル　ミナスジェライス州産

●写真の左右長約6cm

●GSJ M33099

[上／06-2] 熱水鉱脈から産出した細粒のバラ輝石を彫り抜いた人形。紅色がやや薄く部分的に黄色味を帯びています。色彩的な不均質が素朴な味わいを生んでいます。

●米国コロラド州サニーサイドベイン鉱山産

●高さ6.3cm

●GSJ M40582

06 解説●バラ輝石 [rhodonite]

バラ輝石はその名にふさわしいバラ色（ピンク）の鉱物です（写真06-1）。輝石の仲間で、一次元的に連なったシリカ四面体の鎖の間に、マンガンやカルシウムのイオンが入った構造を持っています。マンガンを主成分とする鉱物ですが、マンガン鉱としてよりも装飾石材として活用されてきました（写真06-2）。マンガンの鉱石としては、軟マンガン鉱［MnO_2］などの二酸化マンガン鉱物がより重要です。装飾品として利用する場合には、透明感に優れた濃いピンクの石はもちろん、ひびに沿って黒い二酸化マンガンが生じた石も、色彩的なコントラストの妙から人気があります。

バラ輝石は、熱水鉱脈の副成分鉱物として石英にともなって産出するほか、熱変成を受けた層状マンガン鉱床の主成分鉱物として、テフロ石［Mn_2SiO_4］や満礬柘榴石［$Mn_3Al_2(SiO_4)_3$］とともに産出します。丹波、滋賀－設楽地方、足尾山地、伊那地方、北部北上地方などには、中生代三畳紀〜ジュラ紀（2億5000万〜1億3000万年前）に海底で堆積してできた層状マンガン鉱床が分布しています。そのうち北部北上の野田玉川鉱山では、今日でも小規模ながら装飾用石材としてバラ輝石が生産されています。

乾電池に使用する二酸化マンガンや、マンガン鋼、製鋼用フェロマンガンを生産するために、日本でもかつて盛んにマンガン鉱床が開発されました。しかし、1950年以降は安価な海外産鉱石が輸入されるようになり、日本のマンガン鉱山は絶滅状態となりました。今日でも、変成層状マンガン鉱床の廃坑には、マンガン鉱石としては利用価値が低かったバラ輝石が残されています。それらは真っ黒な酸化被膜で覆われていますが、割ると一転、目の覚めるような《バラ色の世界》を見せてくれます。

鉱物学的性質	バラ輝石
グループ	珪酸塩鉱物（イノ珪酸塩）
結晶系	三斜晶系
結晶の形	両錐状、厚板状
化学組成	$CaMn_4(Si_3O_{15})$
色	ピンク〜バラ紅色
光沢	ガラス光沢
硬さ（モース）	6
比重	3.5－3.7
劈開	完全
断口	貝殻状
屈折率	1.71－1.73

07 紫水晶／アメシスト

amethyst

紫色にも言及しておきましょう。紫色は、古来高貴な色とされてきましたが、鉱物の世界では限られた種類しかありません。紫色の鉱物といえば、なんといっても「紫水晶／アメシスト」★1です。

「アメシスト amethyst」の語源は、ギリシャ語のamethustos（酔っぱらっていない）に由来します。そこで、古代ギリシャではアメシスト製のカップでワインを飲むと酔わない、つまり酩酊防止効果があると思われていました。ギリシャ神話では、アメシストは乙女の名に由来するとされていますが、一世紀ローマの博物学者・政治家であった（大）プリニウスが著した『博物誌』には、「紫水晶」の名前はぶどう酒の色に似ているからとされています。彫刻に適し、良品はその優雅さと甘美さによって「ウェヌスの宝石」とも呼ばれると言っています。もっとも、お守りとしての効能や酩酊防止については、そのようなたわごとによって人類はなんと馬鹿にされていることだろうと、醒めた見方をしていました。

賢治の作品では例が少なく、童話「十力の金剛石」にある程度です。

たうやくの葉は碧玉、そのつぼみは紫水晶《アメシスト》の美しいさきを持ってゐました。

★——1　巷では「アメジスト」と言う場合が多いようですがこれは誤りです。もちろん賢治は正しく「アメシスト」と表記しています。

紫色の原因は、現在では鉄イオンの存在と天然放射能の照射によると考えられていますが、昔は「満俺《マンガン》」によるとされていました。むろん賢治は後者の解釈を受け入れていたはずです。

07-1

アメシスト

気泡にできたアメシスト。

07-2

アメシスト

花崗岩の貫入によって熱変成した石灰岩(スカルン)中の空隙にできたもので、錐面と長い柱面を備えています。透明なため着色のムラがよくわかります。

- メキシコ　ゲレロ州アマティトラン産
- 写真の天地約9cm
- GSJ M40171

07 | 解説●アメシスト [amethyst]

ごく淡いピンクから赤みを帯びた濃い紫まで、かなり幅広い色調の水晶に対してアメシストという名称を使用しています。着色の原因は、含有される微量の鉄イオン(4+)で、その生成には天然の放射線が関与しています。

まず、石英の結晶格子の一部を置き換えて鉄イオン(3+)が入る。そこにガンマー線が作用して、1個の電子をはじき飛ばし、鉄イオン(4+)ができる。つまり三次元的に連結したSiO_4四面体の一部に$[Fe^{4+}O_4]$の四面体が組み込まれた状態になる。はじき飛ばされた電子は、別の鉄イオン(3+)に捕らえられて鉄イオン(2+)をつくる。結晶構造内の一部の電子の移動が可視光のエネルギーを吸収することによって、紫色が発現するというわけです。

紫の着色は概して不均一で、結晶の錐面に沿って濃い着色が現れることが多いのですが、柱面に沿って色が濃い場合もあります。アメシストを育む水溶液の中で(3+)の濃度が増減すると、アメシスト中の鉄量が変化し、紫色の濃さもそれに連動して変化します。

アメシストは、火山岩の気泡を埋めて(写真07-1)、また熱水鉱脈やスカルン鉱床中の空隙に(写真07-2)広く産出します。

色調が上品で機械強度も高く、透明な大粒の結晶が得やすいことから、古くから宝石として利用されています。

かつては、スリランカ、インド、ドイツ、ロシアのウラル等から供給されていましたが、今日ではブラジルやウルグアイが主産地になっています。

鉱物学的性質	アメシスト
グループ	珪酸鉱物
結晶系	三方晶系
結晶の形	六角柱状、三角柱状
化学組成	SiO_2
色	紫色
光沢	ガラス光沢
硬さ(モース)	7.0
比重	2.7
劈開	なし
断口	貝殻状
屈折率	1.54 - 1.55

天の海とオーパルの雲——

【『春と修羅』所載「東岩手火山」】

ガラスはおのづと蛍石片にかはるころ——

【『東京』所載「高架線」】

底びかりする水晶天の
一ひら白い裂罅《ひび》のあと——

【『春と修羅　第二集』所載「異途への出発」】

第5章 — 白い鉱物

白—黒とともに織りなす墨絵の世界

鉱物の白色は、透明な白、純白な白、輝く白、銀白色、白金色、乳白色、不透明な白など、白そのものの色合いも多様です。さらに、白系の鉱物は微量の不純物の混入によって同じ鉱物でも他の色合いを示すこともしばしばあります。そのいくつかの例はすでに紹介してきました。賢治の白色の鉱物に対する思い入れも深く、直裁にあるいは比喩として多くの作品に登場します。

賢治には、この白と、正反対の黒とを対比させて表現した作品も見られます。

をちこちに／削りのこりの岩頸は／松黒くこめ白雲に立つ。(『歌稿B』五七七)

地雪と黒くながれる雲(『詩ノート』一〇一六〔黒つちからたつ〕)

〔黒と白との細胞のあらゆる順列をつくり〕(同一〇一八)

いわば墨絵の世界を構成する無彩色に賢治が託した心情を、鉱物の世界から探ってみましょう。

C1-1

水晶

熱水鉱脈の晶洞に成長した長柱状の水晶の群晶。水晶の特徴である、柱面に直角なスジ(条線)がよく見えます。

- 中国四川省紫竹院産
- 写真の左右長約10cm
- GSJ M35706

01 石英／水晶

quartz/rock crystal

まずは、一番シンプルで産出量も多い二酸化珪素からなる白色鉱物です。結晶をなす「石英」や「水晶」、石英の微小結晶の緻密な集合体の「玉髄」、「瑪瑙」もその一種です。非晶質かそれに近いのが「蛋白石」となります。さて、中国では水精（スイショウ）という語が古くからあり（今では死語ですが）、また水晶や石英の語も用いられてきました。ヨーロッパでも古代から中世にかけて、水晶は氷の化石と考えられていました。いずれにしても冷たいというイメージです。賢治にはこの「水精」を使った童話があります。「星めぐりの歌」で有名な「双子の星」で、二章からなるうち、「双子の星。一、」冒頭では、

天の川の西の岸にすぎなの胞子ほどの小さな二つの星が見えます。あれはチュンセ童子とポウセ童子といふ双子のお星さまの住んでゐる小さな水精のお宮です。

同じモチーフを用いて微妙に表現の異なる「双子の星。二、」冒頭では、

天の川の西の岸に小さな小さな二つの青い星が見えます。あれはチュンセ童子とポウセ童子と

水の冷たさ

「双子の星。一、」では、主人公たちが泉のそばで水浴びをする場面で「双子のお星様たちは悦んでつめたい水晶のやうな流れを浴び、匂いのいゝ青光りのうすものの衣を着け新らしい白光りの沓をはきました」

水銀いろのひかりのなかで／杖や窪地や水晶や／いろいろ春の象徴を／ぼつりぼつりと拾ってゐた（『春と修羅　第二集』「春谷暁臥」）

空模様

『春と修羅　第二集』二九「休息」では「水晶球の濁《くも》りのやう」と空模様の表現に用いています。

石英や水晶が素材として登場

水晶細工のやうに見える銀杏の木（童話「銀河鉄道の夜」）／石英燈（『詩ノート』一〇八六「ダリヤ品評会席上」）／石英

いふ双子のお星さまでめいめい水晶でできた小さなお宮に住んでゐます。

——ラムプ（童話「ポラーノの広場」〔ポランの広場〕）

このように、「水精」と「水晶」が並立して使われています。賢治は当時でもあまり使われていなかった「水精」という語をよく知っていたものです。[★1] 日本で水晶をrock crystalの訳語とし、石英をquartzの訳語に提案したのは、明治11年の和田維四郎です。[★2] したがって賢治の時代には、これらの訳語は定着していたからです。もちろん水晶を、透明さや冷たさの比喩として使う作品も見られます。

……底びかりする水晶天の
一ひら白い裂罅《ひゞ》のあと……

——（『春と修羅　第二集』「異途への出発」）

次に、石英といえば、童話「青木大学士の野宿」とその発展形の「楢ノ木大学士の野宿」に登場する「クォーツさん」でしょう。丈夫だった石英がついに病気にかかるくだりがあります。

「うむ、うむ、そのクォーツさんもお気の毒ですがクウショウ中の瓦斯が病因です。うむ。」

「クウショウ」は「空晶」のことで、鉱物内部にある結晶形をした空洞のことです。また、童話「やまなし」での川底の描写には、水晶の結晶の形も表されています。

小さな錐の形の水晶の粒や、金雲母のかけらもながれて来てとまりました

★——1　現実世界でも大正14年8月14日付の森佐一あての手紙で、彼の作品を「いろいろな模様のはいった水精のたまを眼にあててのぞいてゐるやうな気がします。」と評しています。

★——2　和田維四郎『本邦金石略誌』（明治11年／1878年刊行）より。

01-2

水晶

花崗岩の周りに発達した石英脈中にできた日本式双晶。山梨県からは、かつて大型のものが多産しました。1895年に、パリで開催された国際見本市で標本の立派さが注目を集めて以来、《日本式双晶》という呼び方が定着しました。

●山梨県牧丘町乙女鉱山産
●左右長4cm
●GSJ M35706

01-3

瑪瑙

海底に噴出した安山岩のすき間を満たした玉髄で、同心円状の鮮明な縞模様を見せています。 この種の玉髄は瑪瑙と呼ばれます。馬の脳を思わせる外形から、この名前が付きました。

●北海道瀬棚郡今金町花石産

●左右長20cm

この記述は、賢治が盛岡高等農林学校在学中に同級生らと調査報告した『盛岡附近地質調査報文』にさかのぼります。その「流紋岩質凝灰岩」の項に、「本岩中に散布せる石英粒の大部分が錐形式の結晶より成れるは特に注意すべきの価値ある所とす」と記載されています。この観察経験が「やまなし」につながるのです。さらにこの経験は、詩「阿耨達池幻想曲《あのくだっちげんそうきょく》」や童話「インドラの網」での石英の砂のモチーフとして活かされています。

まっ白な石英の砂
音なく堪えるほんたうの水
もうわたくしは阿耨達池の白い渚に立ってゐる
砂がきしきし鳴ってゐる
わたくしはその一つまみをとって
そらの微光にしらべてみやう
すきとほる複六方錐
人の世界の石英安山岩《デサイト(ママ)》か
流紋岩《リパライト》から来たやうである

――――（詩「阿耨達池幻想曲」）

ここで「鳴砂」という語こそ使っていませんが、石英砂の浜を踏むと音がする「鳴砂」の現象は、全国各地で知られています。よく水磨された小さな石英が触れ合うとキュッキュと音がするものです。また、石英砂の原岩が、デイサイトや流紋岩であること、石英の結晶粒が錘状をなしていることなど、

「インドラの網」
湖はだんだん近く光って来ました。間もなく私はまっ白な石英の砂とその向ふに音なく湛えるほんたうの水とを見ました。／砂がきしきし鳴りました。私はそれを一つまみとって空の微光にしらべました。すきとほる複六方錐の粒だったのです。／（石英安山岩か流紋岩から来た。）

石英／水晶の砂
童話「銀河鉄道の夜」では、カムパネルラが「この砂はみんな水晶だ。中で小さな火が燃えてゐる」と言います。

★——3　イディングス
Iddings,J.P.（1857—1920）
アメリカの岩石・鉱物学者。米国地質調査所を経て、シカゴ大学教授。火成岩分類を提唱しました。

六方錐
「みんな水晶だよ。すきとほ

賢治の実体験の裏付けがみて取れます。

『大鑛物學』には、「イッヂンクス氏の説によれば石英斑岩或ひは流紋岩の斑晶をなせる六角の輪郭を有せる石英はβ石英に属するものなりと云ぅ」と記載されています。賢治はイディングス★3の原書まで購入したことが知られていますので、十分に石英の結晶系について理解していたようです。

ところで、ここで「複六方錐(体)」とするのは、鉱物学的に正しくはありません。結晶学的にはあり得ますが、実際の流紋岩やデイサイトに含まれる高温石英は、二個の六角錐が底面を共有して鏡対称になった形の「六方両錐(体)」が正しいのです。『大鑛物學』にも「六方両錐」とあるのに、なぜ賢治は「複六方錐」としたのでしょう？　言い換えれば、地質専門家にもあまりなじみのない「複六方錐」という用語を、なぜ作品に取り入れたのでしょうか？　おそらく作品の非日常的な世界観やリズムを大事にし「複六方錐」という語感を採用したのかと思われます。

さて、瑪瑙や玉髄については、盛岡郊外の鬼越での採取★4や、前述の『報文』でも調査報告されています。それは後に玉髄を雲に喩えた秀逸な表現に昇華されました。

電線と恐ろしい玉髄《キャルセドニ》の雲のきれ　——(『春と修羅』「風景とオルゴール」)

玉髄の雲に漂つていく　——(同「オホーツク挽歌」)

あの玉髄の八雲のなかに　——(『春と修羅　第二集』「晴天恣意」)

もちろん瑪瑙や玉髄には、赤をはじめさまざまな色調もありますが、すでに紹介したものもあり、ここでは省略します。

るんだよ。六方錐に結晶してゐるだろう。」(童話「銀河鉄道の夜」の下書稿)

★——4　鬼越の瑪瑙を詠った短歌は、第4章瑪瑙の項参照。その他に、

玉髄のちさきかけらをひろひつゝふりかへり見る山すその紺(『歌稿A』二三六)、玉髄の／かけらひろへど／山裾の／紺におびえてためらふこゝろ。(『歌稿B』二三六)

玉髄の雲

玉髄の雲がながれて(『春と修羅』「春と修羅」)、玉髄の雲が凍える(『春と修羅補遺』「津軽海峡」)、そらの玉髄しづかに焦げて盛りあがる(『春と修羅　第二集』〔Largoや青い雲滃《かげ》やながれ〕)、玉髄焦げて盛りあがり(詩「陸中国挿秧之図」)、雲は光って立派な玉髄の置物です(童話「チュウリップの幻術」)、玉髄の雲の峯(童話「雁の童子」)

がって、熱水は、地表への上昇過程で温度低下にともない石英を沈澱するはずです。実際にも、岩盤の割れ目を満たす白いスジはかなりの確率で石英なのです。

熱水から石英が沈澱するとき、溶液の過飽和度が高いほど微粒子の集合体ができやすくなります。一般に、水温が低く冷却速度が速いほど、高い過飽和度が実現します。一方、温度が高い地下深部で、閉じた空間に熱水が満たされた状態では過飽和度が低くなり、無色透明な大型結晶ができます（写真01-1、01-2）。地下浅所の岩盤の割れ目に沿って上昇する熱水からは微粒の石英−玉髄ができやすくなります。海底に流れた玄武岩〜安山岩溶岩はしばしば枕状の形となって積み重なり、そのブロックのすき間に沿って流れる熱水から沈澱した玉髄や瑪瑙を含んでいます（写真01-3）。海底に押し出された流紋岩は粘性が高いためブロック状に割れやすく、その割れ目に沿って玉髄ができている（写真01-4）ことが珍しくありません。

硬くて化学的にも安定しているだけでなく、透明な大型結晶が得やすいことから、石英は飾り石等として古くから広く用いられています。色調に魅力のある紫水晶、黄水晶、紅水晶、煙水晶などはもっぱら宝石として利用されています。今日の社会では、石英はエレクトロニクスの材料として重要です。水晶に電圧をかけると一定の周波数の電気信号をつくり出すことができるので、水晶時計の心臓部に使われています。クオーツ時計という名前は、水晶発振子を用いて時を刻んでいることにちなんでいます。

01-4

玉髄

海底に流れ出した流紋岩の割れ目を満たしたもので、空間に向かって石筍状に成長しています。あたかも湧き上がる雲を見るようです。

●青森県中津軽郡中里町産

●写真の左右長3.5cm

●GSJ M17132

01 | 解説●石英……………………………………[quartz]

石英のうち六角柱の結晶形を現しているもの、また透明感に優れたものを水晶と呼んでいます（写真01-1）。石英の結晶は、六角柱の両端に六角錐を載せた形が理想型として描かれますが、実際には六角柱の断面が三角形に近かったり、錐面がどちらか一方しか現れていなかったり、ほとんど柱面が見えないくらいに短かったりと多様です。結晶面の相対的な大きさはまちまちでも、対応する面と面のなす角度は一定しています。石英に共通する原子配列の対称性が、結晶の外形に現れているためです。

水晶は、二つの個体が84°33′の角度で接合したV字形あるいはハート形の双晶をつくることがあります（写真01-2）。

地球のごく表層を数キロから数十キロメートルの厚さで覆う物質が地殻。その構成成分のトップ2は酸素O（45.2%）、珪素Si（27.2%）です。酸素と珪素からなる石英が、地殻を構成する代表的な鉱物であることに得心がゆきます。建築石材として親しまれている花崗岩にも、主成分として石英の粗い粒子が入っています。

石英は、酸に冒されにくく、物理的にも強固です。そのため、岩石の主成分である長石が粘土に変質してゆく風化過程でも、石英自体は変化することなくいずれ岩石から分離してゆきます。火山灰や発泡の良い流紋岩は砕けやすく、高温石英の斑晶を容易に解放します。石英を含む砂礫が、水流や風によって運搬される過程では、砂粒や岩片が互いに衝突します。そして壊れやすいものから微粒子になってゆきます。このときも石英は他の鉱物に比べて強いため、砂質の堆積物中では石英粒子の含有率が高くなります。石英は、地表で繰り広げられる《鉱物のサバイバルレース》の勝者なのです。

温度の高い地下深部から地表に向けて移動する熱水は、石英を溶解度の限界まで溶かし込んでいます。常温から330℃ぐらいまでは、温度に比例して石英の溶解度が高くなります。した

鉱物学的性質	石英
グループ	珪酸塩鉱物／珪酸鉱物
結晶系	三方晶系（低温石英）、六方晶系（高温石英）
結晶の形	三角柱状、六角柱状
化学組成	SiO_2
色	無色、白色、褐色、黒色、黄色、紫色、ピンク、赤色
光沢	ガラス光沢
硬さ（モース）	7
比重	2.65
劈開	なし
屈折率	1.544－1.553

02 オパール opal

「オパール」は、サンスクリット語のupala（宝石）が語源で、古代インドからヨーロッパにもたらされました。和名は「蛋白石」★1といい、和田維四郎（1878年）が名付けました。混入する不純物によってさまざまな色がありますが、「タンパク光」と称される特徴的な虹色の美しいきらめきが知られ、美しいものは宝石に準じて扱われます。その原因は光が反射干渉する回折現象といわれています。

童話「青木大学士の野宿」「楢ノ木大学士の野宿」では、主人公が蛋白石の採取を依頼される場面から始まるため、文中に何度も言及されます。★2普通、日本の宝石業界をはじめ一般社会では「オパール」と呼びますが、賢治は作品中ではほとんど「オーパル」としています。これは英語表記「オウパル」に由来し、賢治の表記に対するこだわりが感じられます。

ぬれそぼちいとしく見ゆる草あれど越えんすべなきオーパルの空

——（『アザリア　三輯』「種山ヶ原」三首の一つ）

オーパルの／雲につゝまれ／秋草とわれとはぬるゝ／種山ヶ原。

——（『歌稿B』五九八）

★——1　「蛋」は鳥の卵、蛋白は「卵白」のこと。コモンオパールの白色に由来します。

★——2　「青木大学士の野宿」や「台川」には「玻璃蛋白石」も登場します。また、童話「銀河鉄道の夜」の下書稿には「それはもう貴蛋白石で組み立てたと云ったらいゝか」とあります。

また、「オーパル」だけではなく、「蛋白石」「OPAL」「オパリン」など表記もさまざまに使い分けています。いずれにしても、雲(曇り空)、煙、霧(の中の太陽)などの色調表現に、「蛋白石」のタンパク光を、繰り返しモチーフとして利用しています。

（柔かな雲の波だ
あんな大きなうねりなら
月光会社の五千噸の汽船も
動揺を感じはしないだらう
その質は
蛋白石、glass-wool
あるひは水酸化礬土の沈殿）

――（『春と修羅』「東岩手火山」）

同じ詩の中には「蛋白石の雲は遙にたゝえ」、「天の海とオーパルの雲」という表現も見られます。★3

あのほのじろくあえかな霧のイリデㇲセンス
蛋白石のけむりのなかに
もうどこまでもだしてやります

――（『春と修羅　第二集』「氷質の冗談」）

イリデスセンスiridescenceは、虹色、玉虫色のことです。オパールによく見られる現象で光の干渉に

オパリン
雪の反射とポプラの梢／そらを行くのはオパリンな雲／あるひはこまかな氷のかけら（『春と修羅　第三集』「実験室小景」）

★――3　他にも「オーパルの雲」は、詩「心象スケッチ外輪山」にも出てきます。『詩ノート』一〇三〔ソックスレット〕では、「…そらをかけてゐるものは／オーパルの雲か／それとも近い氷のかけらの系列か」

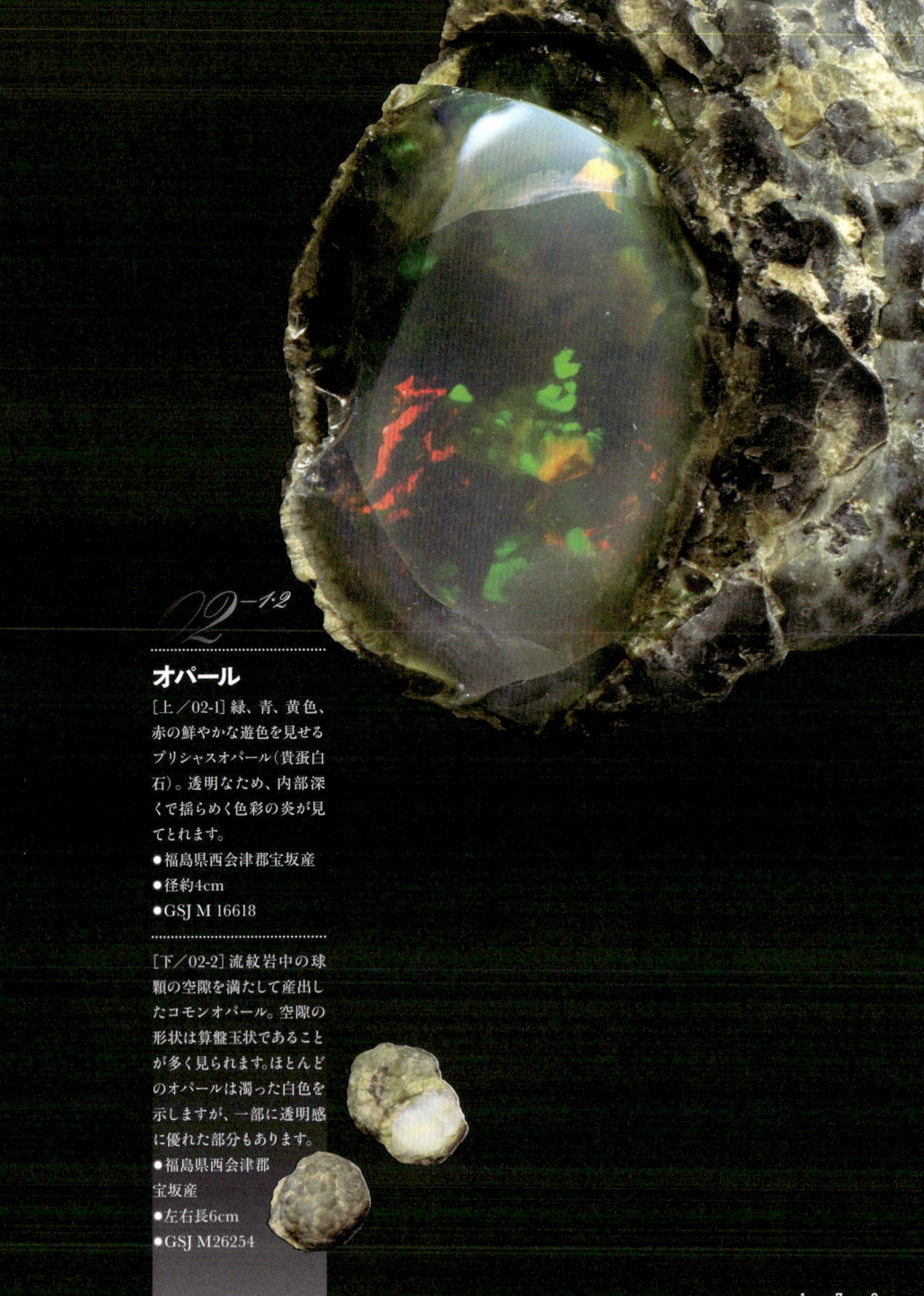

02-1・2

オパール

[上／02-1] 緑、青、黄色、赤の鮮やかな遊色を見せるプリシャスオパール（貴蛋白石）。透明なため、内部深くで揺らめく色彩の炎が見てとれます。

- 福島県西会津郡宝坂産
- 径約4cm
- GSJ M 16618

[下／02-2] 流紋岩中の球顆の空隙を満たして産出したコモンオパール。空隙の形状は算盤玉状であることが多く見られます。ほとんどのオパールは濁った白色を示しますが、一部に透明感に優れた部分もあります。

- 福島県西会津郡宝坂産
- 左右長6cm
- GSJ M26254

02-3·4

オパール

[上／02-3] オパール化した貝化石。二枚貝の貝殻表面の輪肋が鮮明に見えることから、炭酸カルシウムの殻が選択的に溶解した後に、その空間を埋めてオパールが沈着したことがわかります。

- オーストラリア産
- 左右長4.2cm
- GSJ M21395

[下／02-4] 灰色の盛り上がりがオパール質の沈殿物、珪華です。シリカに飽和した沸騰泉が間欠的に噴き出すところでは、珪華の成長速度が速くなります。シリカの供給と水の蒸発が交互に起きるためです。

- 米国ワイオミング州イエローストン国立公園

よって起こるものです。『詩ノート』所載の〔わたくしの汲みあげるバケツが〕でも、「ほう早くも小さな水けむり／イリデㇲセンス」として出てきます。童話「十力の金剛石」では、大臣の子と王子の会話に「お日様は霧がかゝると、銀の鏡のやうだね。」「はい、又、大きな蛋白石の盤のやうでございます。」とあり、霧を通してみる太陽の輝きを表しています。大正7年4月20日付の在京中の友人、保阪嘉内あての葉書では、

　はるきたりみそらにくもらひかるともなんぢはひとりかなしまず行け。
　なんぢをばかなしまず行けたとへそらOPALの板となりはつるとも。

と詠っています。薄曇る空の色調をオパールに喩え、退学した友人の不確実な行く末を重ねて、案じつつ励ましています。さらに、『春と修羅　第二集』所載の詩「河原坊（山脚の黎明）」では

月のまはりの黄の円光がうすれて行く
雲がそいつを耗らすのだ
いま鉛いろに錆びて
月さへ遂に消えて行く
　……真珠が曇り蛋白石が死ぬやうに……

雲が濃くなり月の輝きが薄れていくさまを、「蛋白石が死ぬ」と見事に表現しています。

その他の例――
夏の雲
夏の雲を他の鉱物とともに表現する例もあります。玉髄のやうな、玉あられのやうな、又蛋白石を刻んでこさえた葡萄の置物のやうな雲の峯（童話「蛙の消滅」「蛙のゴム靴」）

02 解説●オパール [opal]

非晶質のシリカがオパールです。高倍率の電子顕微鏡では、径が0.15〜0.3μmのシリカの微細な球体が詰まった状態が見られます。球体の径がそろい、その並び方が規則的だと、入射する可視光の回折が起こり、私たちの目には多様な色調が感じられます。これがいわゆるプリシャスオパールで、宝石として珍重されます。球体の径が0.2μm前後だと干渉色は青、0.3μm前後だと赤になります。球体の大きさや並び方に乱れがあると、回折が起こらないために特定の波長の光が強められることがなく、ゆで卵の白身に似た白濁した状態になります(写真02-2)。オパールの和名である「蛋白石」の由来もそこにあります。オパールは、他のシリカ鉱物とは異なって数%の水を含んでいます。この水が脱けると収縮してひびが入るため、水に飽和させた状態で保管しなければなりません。

オパールは、シリカに飽和した水が比較的低い温度で蒸発したり、温泉水が岩石中の空隙に入り込んで冷えるときにできます。岩石の種類は問いません。写真02-1の福島県宝坂のオパールは、メキシコのファイアオパールと同様に、流紋岩の気泡を満たして産出したものです。この産状からはカボッションカットに適した大きな塊が得られます。

温泉が沸騰しながら地表に噴き出すところでは、ごく普通にオパール質の沈殿物《珪華》が生成します(写真02-4)。地下深部で石英と充分に反応し、石英に飽和した状態のまま急速に地表に達した水は、地表の温度では大過剰のシリカを含んでいます。そのため、地表温度条件とバランスのよい濃度になるまで、シリカを沈澱します。米国のイエローストン国立公園には、オールドフェイスフルという有名な間欠泉があります。その温泉湧出口の周りの、緩やかなマウンドは珪華、つまりオパールでできています。シリカに飽和した水は、岩石の風化によっても、堆積岩中でも生成され、地下浅所の空隙伝いに縦横に移動しています。炭酸カルシウムの貝殻が溶けたあとのすき間に入り込んだ地層水からシリカが沈着すると、オパールの貝化石ができます(写真02-3)。

鉱物学的性質	オパール
グループ	準鉱物
結晶系	非晶質
化学組成	$SiO_2 \cdot nH_2O$　水が4〜9%含まれる
色	白色、無色、虹色
光沢	ガラス光沢〜樹脂光沢
硬さ(モース)	5-6
比重	2.0-2.25
劈開	なし
屈折率	1.44-1.46

03-1·2

長石

[上／03-1] 花崗岩ペグマタイトにできた正長石(微斜長石)。

- 朝鮮江原道高城郡金剛面産
- 左右長10cm
- GSJ M18534

[右／03-2] 花崗岩の晶洞にできた正長石(微斜長石)。花崗岩マグマが冷えるとき、水を含まない造岩鉱物から先に結晶化します。そのため、結晶化が進行するにつれ、残りのマグマ中に水など揮発性成分が濃集し、大きな結晶ができる条件が整います。それが、マグマ固結後にペグマタイトや晶洞となる部分なのです。写真は壁面から白色柱状の微斜長石と、黒～灰褐色の煙水晶が成長する様子が見られます。

- 岐阜県中津川市苗木産
- 写真の左右長約4.5cm
- GSJ M9820

03-3

曹長石

花崗岩ペグマタイトの晶洞にできた、曹長石の葉片状結晶集合体。

●ブラジル　ミナスジェライス州産

●左右長17cm

●GSJ M40643

03 長石

felspar/feldspar

「長石《ちょうせき》」の英名「フェルスパー felspar/feldspar」は、ドイツ語Feld（野）とSpath（劈開のある光った鉱物）からの造語という説が一般的ですが、異説もあります。日本語の「長石」という語は古くからあったようですが、訳語とされたのは明治初期で、賢治が学んだ時代には専門用語として定着していました。賢治が健吉名義で校友会会報に発表した短歌にも長石が登場します。

なつかしき、わが長石よ、たそがれの、淡き灯《ひ》に照る。そとぼりのたもと。

童話作品には長石グループの二種類が登場します。まず、劈開[★1]が斜めに交わることから命名された「斜長石[★2]／プラジオクレース」は、童話「楢ノ木大学士の野宿」で「プラヂオクレース」の「プラジョさん」「斜長石医師」として擬人化されました。この斜長石は、岩石中に普遍的といってもよいほど広く存在します。もう一つは、「正長石[★3]／オーソクレース」で、劈開が直角に交わることによります。童話「楢ノ木大学士の野宿」には「オーソクレさん」として登場します。これがカオリン病にかかるというくだりは、正長石が風化変質してカオリナイトという粘土鉱物になることを意味しています。

★——1　「劈開《へきかい》」とは、結晶に力を加えると結晶構造の特徴に従って割れる性質のことです。

★——2　日本語訳語の「斜長石」を最初に用いたのは、地質調査所の坂《ばん》市太郎（1887年）とされ、賢治誕生のわずか9年前のことです。坂市太郎（1854—1920）は、ライマンによる北海道地質調査に参加後、地質調査所にて全国を調査。北海道庁に転任後の1888年、夕張炭鉱を発見したことで知られています。

★——3　「正長石」という訳語は、小藤文次郎（1884年）が命名しました。

03 ｜ 解説● 長石（正長石／斜長石）……［feldspar］

長石はほとんどの岩石に主成分として含まれており、地殻中で最もありふれた鉱物です。珪素とアルミニウムの周りを4個の酸素が取り囲んでつくる四面体$[(Si,Al)O_4]$が、酸素を共有して三次元的に重合し、その空隙にカリウム、ナトリウム、カルシウムが入る構造原理を持っています。結晶構造の中で、カリウムとナトリウムが相互に置換する系列がアルカリ長石、ナトリウムとカルシウムが置換し合う系列が斜長石です。

アルカリ長石は、珪素とアルミニウムの配列の規則性により、玻璃長石、正長石、微斜長石に分けられます。その中で最もランダムな構造を持っているのが玻璃長石、最も規則的なのが微斜長石です。火山岩の斑晶として産出するものは玻璃長石、花崗岩など深成岩に含まれるものは大部分が微斜長石です。正長石と微斜長石を肉眼で区別することは不可能です。

花崗岩中の晶洞やペグマタイトには、大きくて明瞭な結晶形を見せる正長石や微斜長石が産出します（写真03-1、03-2／微斜長石については天河石の項参照）。

また、斜長石のうち、ナトリウムに富むものが曹長石、カルシウムに富むものが灰長石です。曹長石は、ペグマタイト中の晶洞に面して葉片状の集合体をつくる（写真03-3）ほか、低変成度の結晶片岩中に普通に現れます。カルシウムに富んだ斜長石は、玄武岩や斑糲岩の主成分鉱物です。カルシウムとナトリウムを同程度に含む斜長石《ラブラドライト》は、斜長岩などのシリカに乏しい深成岩に含まれます。

鉱物学的性質	長石
グループ	珪酸塩鉱物（テクト珪酸塩）
結晶系	正長石　単斜晶系 微斜長石と斜長石　三斜晶系
結晶の形	柱状、板状
化学組成	玻璃長石、正長石、微斜長石　$KAlSi_3O_8$ 曹微斜長石　$(K,Na)AlSi_3O_8$ 斜長石　$NaAlSi_3O_8$～$CaAl_2Si_2O_8$
色	無色～白色半透明、ピンク、褐色、淡緑色
光沢	ガラス光沢
硬さ（モース）	6.5
比重	2.57－2.76
劈開	一方向に完全。それとほぼ直交する方向に明瞭。
屈折率	1.51－1.59

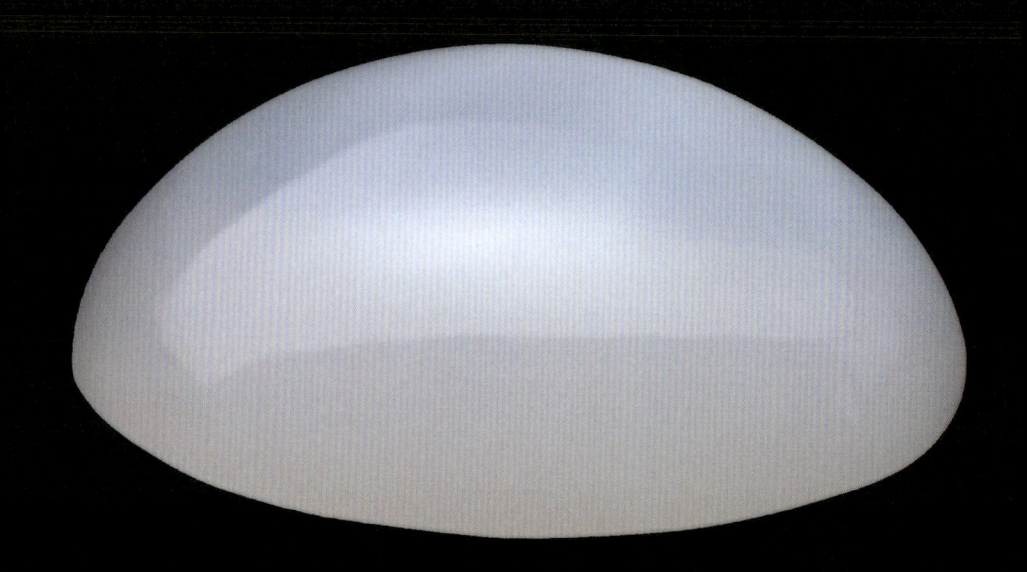

24-1

月長石

カボッションカットされた月長石。乳白色で透明感のある長石をカボッションに磨くと、内部に侵入する光と、表面で反射する光の絶妙なバランスが生まれ、やや霞んだ月の光を彷彿とさせます。

- インド産
- 長辺が2cm
- GSJ M32069

04-2

ラブラドライト

斜長岩を構成するラブラドライト。透明結晶を丸く磨き上げると、結晶内部から青く柔らかい光があふれ出てくるように見えます。

- マダガスカル産
- 写真の左右長約1.2cm

04 moonstone

月長石

「月長石／ムーンストーン」は、ラテン語のselenitesの英訳です。現在の鉱物名としての利用は、1780年にドイツのウェルナーが、光沢のある長石をMondstein（直訳すれば「月石」）としたことに由来します。これは、正長石と曹長石の薄層（ラメラ）が互層した長石結晶で、光が干渉して閃光効果が現れるようにカットした飾り石です。青色の閃光を発するものが高価ですが、乳白色のものも広く利用され、賢治の作品にしばしば登場します。

賢治は、鉱物名には英語名等のルビをカタカナでふることが多いのですが、月長石にはルビをふっていませんので「げっちょうせき」と読んだのでしょうか。大正5年4月4日付、友人の高橋秀松あての葉書に、次のように綴られています。

> 東京のそらも白く仙台のそらも白くなつかしいアンモン介や月長石やの中にあつたし胸は踊らず旅労れに鋭くなつた神経には何を見てもはたはたとゆらめいて涙ぐまれました。

旅行の途次疲れて気弱になった賢治には、空の色が乳白色の月長石のように白っぽく映ったのでしょうか。「アンモン介（アンモナイト）」の意味も含めて、解釈の難しい表現です。
同じ年の8月17日付の保阪嘉内あての葉書には、在京中に詠んだ短歌の一首として

うすびかる月長石のおもひでよりかたくなに眠る兵隊の靴。

と、記されています。この歌の意味もよくわかりませんが、月長石の持つ色調のイメージをうまく用いていることは明らかです。このほかにも「月長石の映えする雨に」（『春と修羅　第二集』「函館港春夜光景」）など、薄ぼんやりと明るい曇り空から降る雨を表現しています。
このように賢治は乳白色のイメージに多用していますが、高価な青光る月長石を用いた表現もなされています。

眼をつぶると天河石です、又月長石です

——（「小岩井農場」先駆形A）

月長石ででも刻まれたやうな、すばらしい紫のりんだうの花が咲いてゐました

——（童話「銀河鉄道の夜」）

04-3

ラブラドライト

ラブラドライトは最初に発見されたカナダの地名ラブラドルにちなみます。第二次世界大戦時に、フィンランド南東部で防衛線の建設中に偶然に発見された斜長岩には、強い閃光を放つラブラドライトが含まれていました。フィンランド人によって、このラブラドライトはスペクトロライトと名付けられました。

- フィンランド　ユレマア産
- 写真の左右長約10cm
- オスロ自然史博物館所蔵

04 | 解説●月長石 [moonstone]

月長石(ムーンストーン)は、乳白色(写真04-1)〜淡青色(写真04-2)の干渉色が現れる長石の総称です。アルカリ長石の玻璃長石、正長石、アノーソクレース(曹微斜長石/写真04-4)、斜長石のラブラドライト(曹灰長石/写真04-2、04-3)などに月長石となるものがあります。

透明な結晶の内部に光を反射する面が平行に配列していて、しかもその間隔が可視光の波長に近い場合、結晶内で反射する光が干渉し合って特定の波長が強められます。これが、見る方向によって青白い色調を生ずる原因です。それではなぜ、結晶内に反射面が平行に並ぶのでしょうか?

高温で化学的に均一な結晶として誕生した長石も温度の低下とともに不安定となり、組成の異なる2種類の長石に分離します。結晶中でイオンがごく短距離を移動して、新たな鉱物相として再構成される際に、ほぼ一定間隔(マイクロメーターオーダー)で平行に並んだ結晶界面ができるのです。組成の異なる結晶は屈折率が異なり、屈折率の異なる物質が接している境界面では光の反射が起こります。ラブラドライト(写真04-3)の場合には、結晶全体の組成に比べてナトリウムの多い相(灰長石成分が約48%)とカルシウムの多い相(灰長石成分が約58%)に分かれます。アノーソクレースの場合には、結晶の平均組成に比べてナトリウムの多い相とカリウムの多い相に分かれています。

結晶の割れ口に沿って理想的な回折条件があると、方向に鋭敏ながら、きわめて鮮やかな青色が現れます(写真04-4)。一方、透明度の高いムーンストーンをカボッションに磨くと、結晶内部に達した光がつくる、輪郭の柔らかな干渉色が現れます(写真04-2)。

＊月長石の鉱物学的性質：長石の項を参照

04-4

アノーソクレース

流紋岩の斑晶として産出した曹微斜長石。結晶内部の面状構造に沿った割断面に白色光が入射するときには、輪郭のシャープな閃光が現れます。結晶表面の青い干渉色は強烈で美しく見えます。その分、結晶内部から出てくるほのかな干渉色は目立ちません。

●朝鮮咸境北道明川郡下古面甑山産

●結晶の長辺が3〜4mm

●GSJ M34452

05 白雲母

muscovite

その名に白がつく鉱物に「白雲母[★1]」があります。『春と修羅』所載の「マサニエロ」では

白雲母《しろうんも》のくもの幾きれ

と、「白雲」の語感を活かした表現があります。さらに、『春と修羅』所載「小岩井農場　パート四」に

（もつともそれなら暖炉《だんろ》もまつ赤《か》だらうし
musco〔v〕iteも少しそつぽに灼《や》けるだらうし
おれたちには見られないぜい沢《たく》だ）

「muscovite マスコバイト」は白雲母の英仏語名で、ロシアウラル山地西方の大産地マスコビー[★2]にちなみます。薄くて透明な大型の結晶が採掘され、窓ガラスの代わりに用いられました。また、断熱材として利用されたので、これを踏まえて「灼けるだらうし」と記したのかもしれません。

★——1　「白雲母」は、「雲母／マイカ」の一種です。この名が鉱物名として定着したのは18世紀中頃以降のようです。東洋でも古くから記載のある鉱物で、古く中国では雲の湧き出る下を探すと見つかることから「雲の母《もと》」と称されたということです。

★——2　モスクワ大公国のこと。

05 | 解説•白雲母 [muscovite]

黒雲母と並んで産出の多い雲母鉱物が白雲母です。火成岩、変成岩、堆積岩のいずれにも含まれます。花崗岩ペグマタイトからは大型の結晶が産出します。インド南東部のネローレ地域のペグマタイトは、結晶の径が3m、長さが5m、重量が85トンにも達する大結晶を産出したことで有名です。熱水によって変質を受けた岩石には、微粒の白雲母が普通に含まれます。

白雲母は、2枚のアルミノ珪酸塩の層（珪素およびアルミニウムに4個の酸素が配位してつくる四面体が、酸素を共有して面的に連なった層）の間に、1枚のアルミナの層（アルミニウムに6個の酸素が配位した八面体が面的に連なってできた層）が挟まれた三層構造で特徴づけられます。珪酸塩層内の結合ははなはだ強固です。三層構造の単位は、全体としてマイナスに荷電しており、その間に挟まれた陽イオンのカリウムにより引き締められています。カリウムの収まった層間が構造の中で最も弱いため、白雲母は、そこを境に剥離しやすいのです。指先でこじるだけで、紙のように薄いシートがつくれ、鋭利な刃物を使えば、鼻息で飛ぶような極薄のフレークがつくれます。

大型で透明な結晶が得られ、任意の厚さに剥ぐことができ、弾性があって割れにくいとあって、ガラスが工業的に製造される以前のヨーロッパでは、白雲母が数百年にわたって窓材として珍重されました（写真05-2）。透明な白雲母を使えば、寒風を防ぎつつ陽光を取り入れることができるのですから、寒冷地の住宅ではありがたい存在だったはずです。

白雲母はまた、透明で耐熱性に優れていることから、ストーブやオーブンの覗き窓として、ランプの窓材として利用されています。電気絶縁性にも優れていることから、アイロンや真空管、コンデンサーなどの電気製品に使われています。劈開面は光をよく反射しますし、完璧な劈開ゆえに粉体は潤滑性に優れています。微粒の白雲母を塗料や化粧品に混合するのは、そのためです。

鉱物学的性質	白雲母
グループ	珪酸塩鉱物（フィロ珪酸塩）
結晶系	単斜晶系
結晶の形	六角板状、六角柱状、鱗片状
化学組成	$KAl_2(AlSi_3O_{10})(OH,F)_2$
色	無色透明ないし灰色。微量成分により淡紫色、淡緑色、淡黄〜褐色、赤色を帯びる。
光沢	ガラス光沢
硬さ（モース）	劈開面上で2-2.5、劈開面に直角な方向で4
比重	2.8-3.0
劈開	一方向に完全
屈折率	1.55-1.61

25-1

白雲母

ペグマタイトの空隙に成長した白雲母。六角板状の結晶が積層し、まるで紙をやや乱雑に束ねたように見えます。結晶の縁は酸化鉄の沈着により、光沢が鈍く黄褐色を示しますが、平滑な劈開面には強いガラス光沢が現れます。

●ブラジル　ミナスジェライス州産
●左右長17cm
●GSJ M40605

25-2

白雲母

白雲母を劈開に沿って薄く剥ぎ、ガラス窓に貼り付けたもの。透明度が高く、白雲母を通して窓外の花壇が透けて見えます。ガラスの平面性が悪く、しかも曇りを生じているため、白雲母を貼り付けた部分のほうがクリアに見えます。褐色のスジや斑点は、白雲母結晶の成長過程で取り込まれた酸化鉄鉱物。窓の幅は約1フィート。

●オスロ自然史博物館所蔵

06 蛍石

fluorite

「蛍石／フローライト」の多くは、立方体や八面体をはじめさまざまな形を示す結晶です。純粋なものは無色ですが、実際には多彩な色合いを示します。和名の「蛍石」は、加熱すると発光することに由来します。英名の「フローライト fluorite」は、熔剤として溶けやすいことにちなんで、ラテン語のfluere（流れる）から命名されました。

蛍石は特殊なガラスやレンズの原料としても利用されます。賢治の作品にはあまり登場しませんが、この性質を踏まえたと思われる詩があります。

　二きれ鯖ぐもそらにうかんで
　ガラスはおのづと蛍石片にかはるころ

昭和3〜4年頃の執筆といわれる詩『東京』所載の「高架線」です。「フローライト」というルビはふられていませんので、そのまま「ほたるいし」と読むべきでしょうか。

06 | 解説●蛍石 ………… [fluorite]

フッ素を主成分とする鉱物で、最も産出が多いのが蛍石です。化学組成はフッ化カルシウムです(Ca 51.1%、F 48.9%)。カルシウムイオン(2+)の層をフッ素イオン(-)の層が挟んだ単位の繰り返しで結晶が形づくられています。フッ素の層はマイナスに荷電しているため、フッ素の層が向かい合わせになる面には反発力が働きます。その結果、互いに直交する四方向に劈開が発達します。蛍石は、立方体(写真06-2)、八面体、十二面体、あるいはそれらが組み合わさった、より複雑な結晶形態をとって産出しますが、劈開片はすべて八面体です(写真06-1)。八面体は、劈開可能な方向のすべてがバランスよく現れた姿なのです。純粋な蛍石は無色透明〜灰色半透明(写真06-3)。しかし、天然産蛍石にはありとあらゆる色調が現れます。イットリウムやセリウムなど、微量の不純物元素に起因する格子欠陥により可視光の一部が吸収されるためです。強く加熱すると青白い光を発します。また、紫外線を照射することによって蛍光を発するものがあります。結晶の格子欠陥に関連する不安定な電子が、紫外線のエネルギーを吸収して飛び出し、もとの状態に戻るときに可視光としてエネルギーを発散するのです。結晶構造中の電子は、紫外線の大きなエネルギーを可視光のエネルギーに変換しているわけです。蛍光色で最も普通なのが青色(写真06-4)ですが、その他に赤、紫、黄色、緑色も現れます。紫外線照射で蛍光を発する現象は、蛍石の英名フローライトにちなんで、フローレッセンスと呼ばれます。とはいえ、すべての蛍石が蛍光を発するわけでもなく、蛍光の色調も一定しません。

花崗岩マグマが固結してゆくとき、最末期に絞り出される流体には、水、硼素、塩素、そしてフッ素などが濃集します。その流体は、ペグマタイトや派生する熱水鉱脈中に、また石灰岩と遭遇したところで、蛍石を生成します。

鉱物学的性質	蛍石
グループ	ハロゲン化鉱物
結晶系	立方晶系
結晶の形	立方体、八面体、および十二面体の結晶形を示すほか、塊状、葡萄状、皮殻状で産出
化学組成	CaF_2
色	純粋なものは無色透明。ただし微量成分の影響で可視光の選択的吸収が起こり、緑色、青色、黄色、ピンクなどの色調を帯びる。
光沢	ガラス光沢
硬さ(モース)	4
比重	3.1-3.2
劈開	直交する四方向に完全に割れて八面体の劈開片をつくる
屈折率	1.43

06-1·2

蛍石

[上／06-1] 立方体の結晶を割ってつくった正八面体の劈開片。八面体の面と交わる紫色のスジは、立方体結晶の成長縞。

- 米国イリノイ州ケーブインロック産
- 一辺が約5cm
- GSJ M33546

[下／06-2] 蛍石の立方体結晶。無色透明な結晶の、表面にごく近いところのみが淡紫色に着色しています。

- 産地不詳
- 写真の左右長約4cm
- GSJ M31547

06-3

蛍石

上は可視光下で見る蛍石。灰色半透明で立方体の結晶形を示す蛍石。同じ標本を暗闇に置き、紫外線を照射した状態で数十秒の長時間露光を行うと、下の写真のような幻想的な画像が得られます。

- 朝鮮江原道金化郡産
- 左右長12cm
- GSJ M36789

07 銀星石

wavellite

『春と修羅　第二集』所載の詩「山の晨明に関する童話風の構想」は賢治29歳時の作です。賢治がたびたび訪れた、早池峰とその南に位置する薬師岳間の谷間にある登山道入り口の河原坊付近での明け方の情景を、まさにファンタジー風に表現したものといわれ、独特の雰囲気があります。詩の冒頭には

つめたいゼラチンの霧もあるし
桃いろに燃える電気菓子もある
またはひまつの緑茶をつけたカステーラや
なめらかでやにっこい緑や茶いろの蛇紋岩
むかし風の金米糖でも
wavel〔l〕iteの牛酪でも
またこめつがは青いザラメでできてゐて
さきにはみんな
大きな乾葡萄《レジン》がついてゐる

とあり、早池峰中腹の高山植物や分布する岩石・鉱物をお菓子に見立てたものと解釈されます。[★1] さて、この「wavel〔l〕ite　ワーベライト」は、「銀星石」という和名を持つ鉱物です。発見者のイギリスの医師ウェーヴェルにちなんで命名されました。[★2] 賢治はwaveliteとスペルミスをしているものの、日本ではめったにお目にかかれないこの鉱物を、よく知っていたものだと感心します。『大鑛物學』にもおおむね珪岩・硬砂岩・粘板岩・褐鉄鉱・燐灰土などの堆積岩のひびあるいは層理面に生じたり、風化した花崗岩中や角礫岩の膠結物としての産出が記述されているだけです。

「銀星石」はふつう緑色を示すことが多いのですが、白色もあります。しかし、通常ガラス光沢〜樹脂光沢のため、「牛酪（バター）」のイメージにはピンときません。『大鑛物學』には「通常は灰色・帯黄色・帯緑色」と記載されているので、その中の「帯黄色」から単にイメージだけ借りて、この鉱物を「牛酪」に見立てたのでしょうか？

実は、「牛酪」イメージを持つ有力な鉱物が他にあります。『大鑛物學』下巻にある「石鹸石／サポナイト saponite」です。[★3] 賢治は「wavel〔l〕ite」の語のリズム感を活かすために、石鹸石の牛酪イメージを、意図的に誤用したのかもしれません。

そもそも、賢治が早池峰で銀星石を直接見たのか、おおいに疑問視されます。本当に「早池峰超塩基性岩体」から産出したのでしょうか。同じ低温熱水鉱物である「アルチニ石／アルチナイト artinite」と見間違えた可能性もあります。これはイタリアの鉱物学者アルチーニ[★4]にちなんで命名された単斜晶系の鉱物です。これなら日本でも蛇紋岩の割れ目中に、白色微細な針状結晶の放射状集合体として産出するからです。もっとも賢治の時代にはあまり認知されていなかったようで、『大鑛物學』にも記載されていません。さすがに賢治も知らなかったことでしょう。

★——1　同じモチーフで、『春と修羅　第二集補遺』所載〔水よりも濃いなだれの風や〕にも「オランダ風の金米糖でも／wave〔ll〕ite の牛酪でも」とあります。

★——2　ウェーヴェル
Willam Wavell（1750—1829）
1805年にワーベライト発見。

★——3　この記載には、「非晶質塊状にして団塊をなし、又は岩石の空隙を充たして出づ。通常柔軟にして牛酪状なるも乾燥すれば堅くなる。……蛇紋岩中に脈状をなして出づ。」とあります。

★——4　アルチーニ
Ettor Artini（1866—1928）
ミラノ大学教授。

07-1

銀星石

銀星石の球状集合体。変成岩の割れ目に沿って析出したもの。結晶の伸びの方向には、透過光成分をより多く反映した緑色の色調が現れ、それと直角な方向では結晶粒界や劈開面からの反射が勝り、銀白色が現れます。

- 米国アーカンソー州　マウント・イダ産
- 写真の左右長約3.5cm
- GSJ M35892

07-2

アルチニ石

アルチニ石は含水炭酸塩鉱物の一種。[$Mg_2(CO_3)(OH)_2 \cdot 3H_2O$]という化学式で表されます。蛇紋岩のようなマグネシウムに富んだ岩石の熱水変質鉱物として、菱苦土石、霰石などとともに出現します。絹糸光沢の強い、細い針状結晶の球状集合体は、銀星石を思わせます。

- 米国カリフォルニア州サンベニト郡産
- 左右長3.5cm
- GSJ M18372

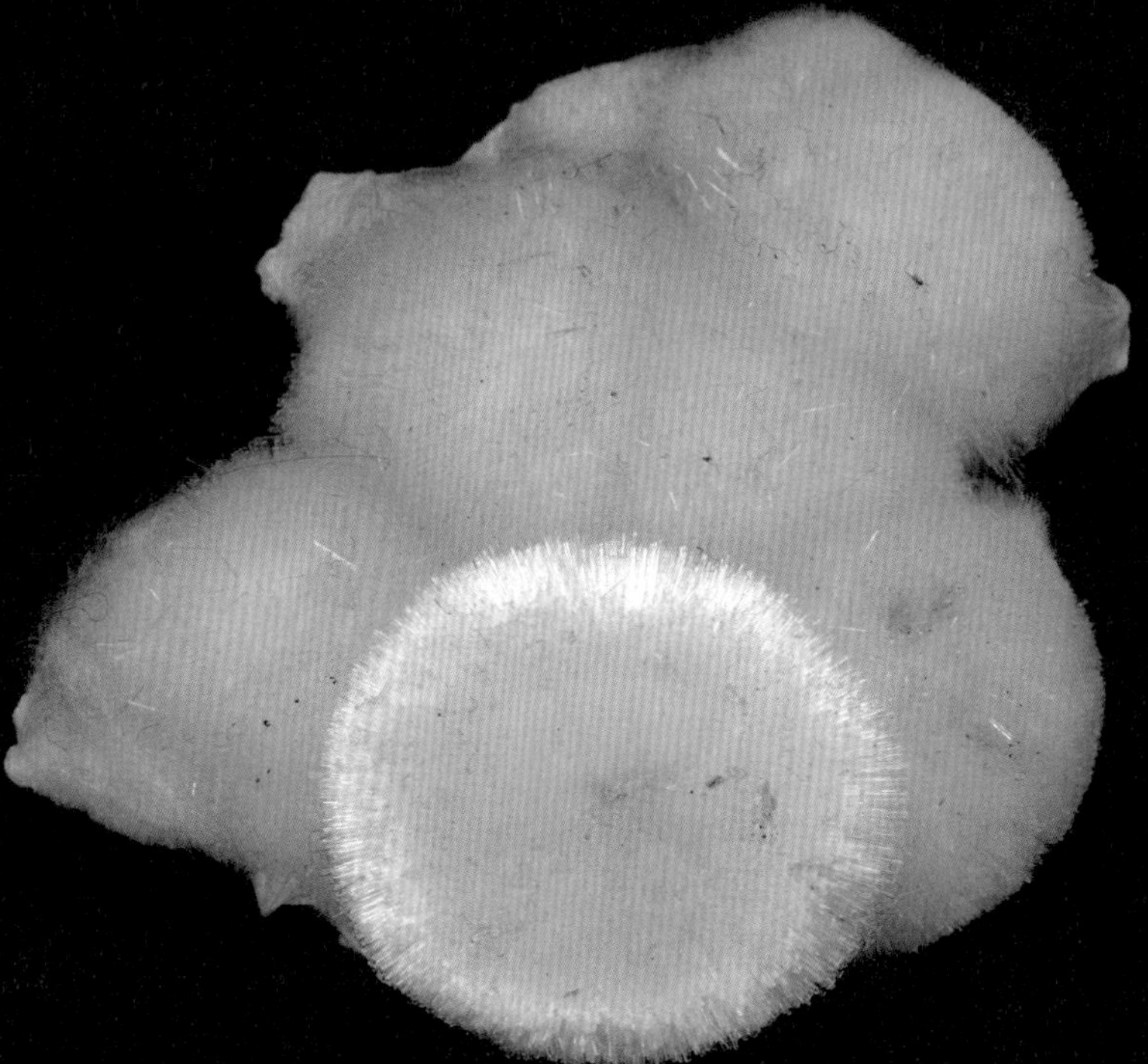

07 | 解説●銀星石 [wavellite]

「銀星石」という名はよく実体を表しています。一点から放射状に広がった銀星石の針状結晶は、あたかも星の輝きのようです。銀星石はアルミニウムの含水リン酸塩鉱物で、アルミニウムを約20%、リンを約15%含んでいます。アルミニウムは地殻中で酸素、珪素に次いで三番目に多い元素です。リンはアルミニウムよりは圧倒的に少ないものの、通常の岩石に約0.1%程度含まれている元素で、主として燐灰石の形態で存在しています。リンは、変成作用や熱水(温泉)作用にともなって岩石から熱水中に移り、岩石中の割れ目に沿って、あるいは温泉湧出孔に至ってリン酸塩鉱物として沈澱します。銀星石も同様なプロセスでできたものと考えられています。典型的な珪酸塩岩の主成分は長石であり、岩石中を移動する熱水は、長石との反応により中和されます。中性の熱水中ではアルミニウム濃度がきわめて低いため、銀星石生成の鍵はリン酸イオンにあるのでしょう。カルシウムイオンが過剰に存在すると、リン酸イオンは燐灰石の生成によって消費されてしまいます。それが銀星石の産出が比較的稀な理由と思われます。銀星石は長柱状結晶の放射状集合体として産出するのが普通です。中心核から全方位に結晶成長が進行しようとしても、結晶が壁にぶち当たるとその方向の成長は止まってしまいます。熱水が浸透した空間が比較的広い場合には、ドーム状の集合体(写真07-1)ができます。割れ目の間隔がきわめて狭い場合には、銀星石は割れ目沿いに伸びるしかないため薄い円盤状になります。割れ目の壁面にでこぼこが多いと、円盤の形も不完全な状態にとどまります。脈に沿って岩石を割ると、球晶が破断して放射状の断面が現れます。一切の汚れはなく、強い絹糸光沢を見ることができます。これが《銀の星》誕生の瞬間です。

銀星石と見かけがよく似た鉱物にアルチナイト(アルチニ石/写真07-2)があります。こちらは、マグネシウムの含水炭酸塩鉱物であり、蛇紋岩中に脈状に産出します。北上山地の蛇紋岩を好んで観察していた賢治が、アルチナイトを目にしていた可能性は充分にあります。

鉱物学的性質	銀星石
グループ	リン酸塩鉱物
結晶系	斜方晶系
結晶の形	柱状結晶の放射状集合体として、あるいは皮殻状で産出
化学組成	$Al_3(PO_4)_2(OH,F)_3 \cdot 5H_2O$
色	無色、白色、淡青緑〜緑色、黄色、褐色
光沢	ガラス光沢、真珠光沢
硬さ(モース)	3.5-4
比重	2.4
劈開	完全
屈折率	1.52-1.56

08
asbestos
アスベスト

「アスベスト」は、ほぐすと綿のようになる石なので「石綿」ともいいます。これは六種類ほどの繊維状鉱物の総称で、「アスベスト」という鉱物があるわけではありません。「石綿」という語が一般化する前は「絨」の文字が用いられました。耐熱性・耐薬品性・電気絶縁性などに優れています。鉱物学的には、蛇紋石の一種であるクリソタイルからなるものと、数種の角閃石からなるものがあります。『大鑛物學』ではまた、クリソタイルSerpentine Asbestus（原文ママ）を「温石絨」としています（「蛇紋岩」を「温石石《おんじゃくいし》」とも呼ぶことに由来）。賢治がよく訪れ作品にも頻繁に出てくる早池峰山を構成する早池峰複合岩類は、蛇紋岩化した超塩基性岩・斑糲岩・粗粒玄武岩などからなります。当然、石綿もあちこちで露出していますから、賢治も現地で観察したり採取したことでしょう。対応が遅すぎましたが、最近ではその発ガン性から石綿の製造・使用が禁止されました。賢治も当時知り得なかったことです。そのため作品に多用され、童話「ポランの広場」では

まっ白な多分硬い石絨で刻まれたらしい長椅子もあってそこには立派な貴婦人たちが柔らかさうな駝鳥の毛の扇を動かしたりキラキラわらったりしてゐました。

石綿の毒性を理解していたらこんな危ない椅子に座るのはご勘弁を、と言うところです。この他短歌にも登場します。

夕暮の温石石の神経はうすらよごれし石絨にして

——(『歌稿A』二九〇)

石絨を砕きて／いよようらがなし／曇りのそらの／岩のぬくらみ

——(『歌稿B』二八九[a]・二九〇)

あやしい鉄の隈取りや
数の苔から彩られ
また捕虜岩《ゼノリス》の浮彫と★1
石絨の神経を懸ける
この山巓の岩組を
雲がきれぎれ叫んで飛べば

——(『春と修羅　第二集』所載の「早池峰山巓」冒頭)

石絨脈《アスベスト》なま〔ぬ〕るみ、　苔しろきさが巌にして、
いはかゞみひそかに熟し、　ブリューベル露はひかりぬ。

——(『文語詩稿　一百篇』「早池峯山巓」)

これらは蛇紋岩中に脈状に胚胎する石綿を神経になぞらえて詠ったものです。

★——1　捕虜岩
今では「捕獲岩」と称されますが、火成岩中に含まれる別種の岩石片のことです。白っぽい花崗岩に黒っぽい斑点や斑状の染みのようなものとしてよく見られます。賢治が勤めていた花巻農学校の門柱の花崗岩にも暗色のゼノリスが多数含まれています。

28-1

クリソタイル

蛇紋岩の割れ目を充填して産出したクリソタイル。暗緑色部分が蛇紋岩です。灰白色のクリソタイル繊維は、蛇紋岩の壁に垂直に伸長しています。

- 北海道富良野市野沢石綿鉱山産
- 写真の左右長約2.0cm
- GSJ M16254

08 | 解説●アスベスト(クリソタイルを中心に)……[asbestos / chrysotile]

アスベスト(石綿)は長い繊維状になり、布に編むことができる天然鉱物の総称で、角閃石の仲間と蛇紋石の仲間に分けられます。前者にはクロシドライト(青石綿)とアモサイト(茶石綿)、透閃石、緑閃石などが含まれます。後者がクリソタイル(白石綿)です(写真08-1)。アスベストは耐摩耗性と耐火性に優れ、また、ほぐした繊維を充填したり貼り付けることで強力な断熱材や吸音材にもなります。そのため、かつては産業や市民生活に深く浸透していましたが、その繊維の吸引が肺ガンや中皮腫を引き起こすことが明白となり《失脚》しました。

なぜ、布に編めるほどの長い鉱物繊維ができるのでしょうか?

角閃石系の場合、通常細長い結晶をつくり、その伸びに平行な面できれいに割れます。結晶構造中に、一定方向に連なった鎖状の構造があるためです。角閃石に喩えられる身近な素材に竹があります。竹は成長方向に伸長した繊維組織を持っているために、その組織に沿って割ることが容易で、きわめて細長い切片が得られます。角閃石も竹も、内部構造の伸長方向に空間が保証される限り成長して長い繊維をつくるのです。角閃石は小刀よりも硬く、鋭利なエッジを持っていますので、吸引によって呼吸器が損傷を受けることも容易に想像できます。

一方、クリソタイルは層状の構造単位が筒状に巻くため、長い繊維になります。芯に紙を巻き付けてから、芯と平行な方向に巻紙の外側を引きずり出したときの形に喩えるとわかりやすいでしょう。繊維の長さには、数ミリ程度から10cm以上に達するものまで幅広いバリエーションがありますが、繊維の太さは0.02～0.03μmと、ほぼ一定しています。クリソタイルは人間の爪とほぼ同じ硬さであり、繊維のエッジも鋭くないため、健康被害の程度が角閃石系のアスベストよりは多少マシなようです。日本で使用されたアスベストの大部分はクリソタイルで、蛇紋岩の割れ目を満たして産出したものです。

鉱物学的性質	クリソタイル
グループ	珪酸塩鉱物(フィロ珪酸塩)
結晶系	単斜晶系
結晶の形	針状、繊維状
化学組成	$Mg_3(Si_2O_5)(OH)_4$　Mgの一部をFe^{2+}が置き換える
色	白色、灰色～淡緑色、淡褐色
光沢	絹糸光沢
硬さ(モース)	2.5-3
比重	2.53
劈開	完全
断口	繊維状
屈折率	1.54-1.57

09 方解石 calcite

「方解石《ほうかいせき》／カルサイト」は、炭酸カルシウムからなる鉱物で、純粋なものは無色～白色を呈しますが、不純物が入るとさまざまな色合いを示します。平行六面体の結晶形はよく知られています。ありふれた鉱物のためか、賢治の作品にはあまり登場しません。★1 賢治はむしろ現実世界で、方解石からなる堆積岩の「石灰岩」に多大な関心を持っていました。石灰岩は成因として生物遺骸起源（フズリナ石灰岩他）のものと無機的な化学沈殿起源によるものがあります。賢治が晩年技師として勤務した東北砕石工場やその近くの猊鼻渓《げいびけい》などの南部北上山地には、古生代石炭紀～二畳紀の石灰岩が広く分布していることが知られています。これを粉末にして土壌改良に役立てようとしたのです。

さて、石材名としては「石灰石」とも称されますが、さすがに賢治は正しく岩石名「石灰岩」を用いています。

山地の肩をひととこ砕いて
石灰岩末の幾千車かを
酸えた野原にそゝいだり
――（『春と修羅　第二集』「産業組合青年会」）

★――1　「方解石」が登場する作品は、第4章02柘榴石の項でも紹介した短編「泉ある家」です。「黄銅鉱や方解石に柘榴石のまじつた粗鉱の堆」とあります。

その他の例――
一挺のかなづちを持つて／南の方へ石灰岩のいい層を／さがしに行かなければなりません（『春と修羅』所載「雲とはんのき」の最後）

まっ白な石灰岩の方形のなかへ（詩「病院の花壇」）

09-1·2

方解石

[上／09-1] 方解石の菱面体の大型結晶。外形に平行な劈開が走っているのがわかります。
●米国ミネソタ州産
●左右長18cm
●GSJ M40287

[下／09-2] 熱水鉱脈の空隙に面して成長した犬牙状の結晶。
●カザフスタン　ソコロフスキー鉱山産
●写真の左右長約16cm
●GSJ M40292

09-3

方解石

火山岩の割れ目に析出した六角柱状の方解石結晶。

- 米国ミズーリ州ジョプリン鉱山産
- 写真の左右6cm
- GSJ M40289

岩の地下洞穴にできる鍾乳石（写真09-4）は、二酸化炭素を含んだ雨水によって石灰岩から溶かし出された炭酸カルシウムが、再沈殿したものです。空洞に滴り落ちるときに水から二酸化炭素が逃げてpHが上昇することが、方解石沈殿のきっかけとなります。砂岩や礫岩といった砕屑性堆積岩（岩屑が集まってできる堆積岩）中で、岩石の粒子を接着する役割を果たす鉱物はセメント物質（鉱物）と呼ばれています。方解石はごく普通に現れるセメント鉱物です。

石灰岩が熱の影響を受けると結晶粒子が粗大化します。これが晶質石灰岩ですが、むしろ大理石という石材名のほうが知られているでしょう。大理は晶質石灰岩を産出する中国雲南省の地名です。方解石や苦灰石がマグマから直接に晶出することもあります。カーボナタイトと呼ばれる特殊な火成岩は、炭酸塩鉱物を主成分とし、希土類元素やニオブ・タンタルの鉱床となることもあります。

方解石は石英と並んで、熱水鉱脈の主要構成鉱物です。熱水が地表にあふれ出る温泉では、炭酸カルシウムが大規模に沈殿することもあります。多くは、熱水や温泉水から二酸化炭素が逃げることをきっかけに沈澱したものです。米国イエローストン公園のマンモス温泉、ユネスコによって世界遺産に登録されたトルコ西部のパムッカレ、日本の特別天然記念物となっている北海道長万部の二股温泉はその好例です。

方解石はごくありふれた鉱物ながら、多様な色調と結晶形態を示す点では傑出した存在です。その形は優に300種類を超えます。犬の牙に喩えられるスリムな両錐形の結晶（写真09-2）、六角柱状結晶（写真09-3）、菱面体状結晶（写真09-1）はその代表格です。

方解石は三方向に顕著な劈開が発達するため、多様な外形にもかかわらず、常に菱面体に割れます。無色透明で菱面体に割れた方解石結晶は、その産地であるアイスランドにちなんで、アイスランドスパーと呼ばれています（写真09-5）。アイスランドスパーは、方解石の顕著な性質である複屈折を見るのに適しています。

09-4

鍾乳石

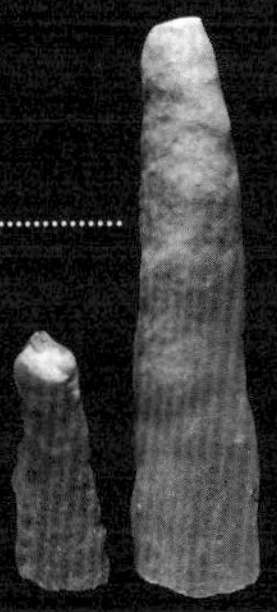

石灰岩の洞窟の天井から滴り落ちる水から、長い時間をかけて成長したもの。水の通路が中心にあり、その周囲に粗粒の方解石が成長しています。

●茨城県日立市日立鉱山産

●長い方が高さ32cm

●GSJ M10644およびGSJ M811

09 | 解説●方解石 ……[calcite]

方解石は炭酸カルシウム[$CaCO_3$]でできており、地表では最もありふれた鉱物の一つです。地表に露出している岩石の4%は方解石だともいわれます。方解石をつくる元素の地殻中での存在度は、カルシウムの3.63%に対して炭素は0.02%。カルシウムの大部分は珪酸塩鉱物として存在しています。また、地殻中の炭素の約4分の3は、石炭、石油、有機物などの還元された状態をとっており、残りが石灰岩などの炭酸塩岩石です。方解石は地表付近に偏って存在しているのです。

火山の噴気や生物の呼吸は、大気に二酸化炭素[CO_2]を付加しています。工業化の進んだ近年は、化石燃料を消費する人類の活動もまた、強力な二酸化炭素発生源です。二酸化炭素は雨水に溶けて弱い酸をつくり、地表の岩石からナトリウムやカルシウムなどを溶かし出します。同時に、二酸化炭素は重炭酸イオン[$(HCO_3)^-$]へと変化し、陸水によって海へと運び込まれます。海水中では、プランクトンや軟体動物、サンゴや石灰藻の働きによって炭酸カルシウムが固定されます。

乾燥地域で海水が干上がるときには、石膏[$CaSO_4 \cdot 2H_2O$]や岩塩[$NaCl$]に先立って炭酸カルシウムが無機的に沈澱します。二酸化炭素が、地球内部→地表→海洋→再び地球内部へと循環する過程で、炭酸カルシウムは溶けたり沈澱したりを無限に繰り返しているというわけです。その結果、陸水、海水、大気の炭素濃度は動的なバランス状態にあり、大気中の二酸化炭素濃度は0.03%、海水中の重炭酸イオン濃度は0.014%付近にあります。

方解石は、堆積岩、変成岩、火成岩のすべてに含まれています。方解石が単独で大きな岩体をつくっているのが石灰岩です。石灰岩が地表に露出すると、その溶蝕によって独特な地形(カルスト)や鍾乳洞ができます。多くの石灰岩地帯が観光地になっているのはそのためです。石灰

鉱物学的性質	方解石
グループ	炭酸塩鉱物
結晶系	三方晶系
結晶の形	六角柱状、犬牙状、菱面体など
化学組成	$CaCO_3$
色	純粋なものは無色～白色 不純物により黄、赤褐、青、黒味を帯びる
光沢	ガラス光沢～真珠光沢
硬さ(モース)	3
比重	2.71
劈開	三方向に完全で、菱面体の劈開片をつくる
屈折率	1.486～1.658、複屈折が顕著

29-5

アイスランドスパー

無色透明な結晶の劈開片。方解石から菱面体の劈開片を割り出すことは容易です。

●メキシコ　チワワ州クリール鉱山産

●左右長8cm

●GSJ M40290

10-1

イリドスミン

イリドスミン(自然オスミウム)。蛇紋岩分布地域から流れ出る天塩川の中下流域に砂鉱として産出したもの。角張った粒子が多いことは、イリドスミンの優れた耐摩耗性を示唆しています。

- 北海道天塩郡幌延問寒別産
- 写真の左右長約2cm

10 イリドスミン
iridosmine

「イリドスミン」は、賢治にはことのほか思い入れがある鉱物です。大正14年（1925）の『春と修羅　第二集』所載の「鉱染とネクタイ」では、

（こゝらのまっくろな蛇紋岩には
　イリドスミンがはいってゐる）
ところがどうして
空いちめんがイリドスミンの鉱染だ

同じ時期作成の「岩手軽便鉄道　七月（ジャズ）」では、「イリドスミン」が二回用いられています。

うつうつとしてイリドスミンの鉱床などを考へようが[★1]（10行目）

さうだやっぱりイリドスミンや白金鉱区《やま》の目論見は
鉱染よりは砂鉱の方でたてるのだった（43〜44行目）

その他の例――
イリドスミンの竜
生前発表された詩「氷質のジヨウ談」には「熱く息づくらくだの背《せな》の革嚢に／氷のコロナと世界の痛苦をいつぱいに詰め／極地の海に堅く封じて沈めることを命じます／そしたらたぶんそれは強力なイリドスミンの竜に変つて／世界一ぱい烈しい雹を降らすでせう」という幻想的な表現があります。

★――1　生前発表された詩「「ジャズ」夏のはなしです」でも同じ表現がみられます。

さて、これは何を意味するのでしょうか？

当時の鉱物資源状況から解き明かすことができます。

北海道でいつ砂白金ないしイリドスミンが発見されたかは不明ですが、明治23年（1890）頃には、北海道中央部の夕張川や雨竜川流域で、砂金に混在する白色で重い金属の存在が知られていました。融点が極めて高いので[★2]当時の分析法では溶融もできず、酸にも不変のため、その正体はわかりませんでした。砂金掘りたちは砂金のことを「アカ」と呼ぶのに対して、その色合いから「シロ」「ハク」と呼び、また手塩の海浜からも採取されたので「ハマ」とも呼んでいました。また、硬いので金細工師からはノミの刃が欠けると嫌われ、利用価値がないため捨てられていたほどなのです。

明治28年に北海道庁が夕張川上流を調査して砂白金を採取し、委託分析した結果イリドスミンを同定し、翌明治29年（賢治誕生の年）に北海道地質調査書を発行しました。同じく明治29年に刊行された神保小虎著『日本地質學　全』付録の「第二　上野帝國博物館鑛物地質ノ部案内」に、同年12月当時の展示物の説明がなされ、イリドスミンの記述が見られます。[★3]この本は盛岡高等農林学校の蔵書にもありましたので、賢治も読んだかもしれません。さらに大正5年には上京して同博物館を訪れていますから、現物を見た可能性も高まります。鉱物標本以外に利用価値なしとされたイリドスミンが、どういうわけか明治30年には1匁（3.75g）50銭、明治34年に1円80銭、明治40年に2円50銭で買い取られるようになりました。

実は、超硬質なイリドスミンは万年筆のペン先として需要が高まり、外国商社が買い集めたためでした。当時、世界相場は1匁16円と高額で、日本産の価格は魅力的なのでした。さらに、国内での万年筆の製造普及も追い風になりました。並木製作所（後のパイロット万年筆）が大正7年に、中屋製作所（後の

★——2　イリドスミンは主にオスミウムとイリジウムからなり、オスミウムの融点は3033℃、イリジウムの融点は2410℃。

★——3　「白金色燦然タル自然金屬ハ即チいりどすみんニテ近來北海道『ユーバリ川』ヨリ得ラレタルモノナリ」神保小虎著『日本地質學　全』については、第3章01黄玉／トパーズの項参照。

プラチナ万年筆）が大正8年に販売を開始しました。これにともなって、イリドスミンの鉱区も増加し、値上がりしました。[★4]

こうした背景のもと、賢治は大正7年（1918／22歳）父にあてた手紙[★5]で、実験中、偶然に白金に帯同するイリジウムの存在を見つけたことから、北海道の状況を踏まえて、岩手県内で産出する砂金に白金やイリジウムの存在する可能性を確信したと綴っています。このイリドスミンで生計の資を立てる算段を検討したのでしょうか。

賢治とイリドスミンの関わりについては、後年金野英三が記しています。[★6]花巻町で砂金を商っている店で、当時猿ヶ石川方面から買い集めた砂金には白い物が混入し、値安になるということを、賢治が聞きつけ調べたところ、イリドスミンであることが明らかとなったそうです。これが採取される河川の上流域、とくに東磐井から上閉伊郡地方を七回も調査したといいます。

「蓋し之は上流の岩石中に胚胎せるものにして其崩壊によりて砂鉱となれるものなりと思ったからである」と記しています。これは、いわゆる砂鉱床《さこうしょう》を意味し、風化侵食作用による岩石や鉱物の破片が風や流水で運搬淘汰されて機械的に濃集堆積したもので、「漂砂鉱床」とも称します。彼は、イリドスミンを蛇紋岩系統の岩石由来のものと推定したわけです。

こうして前述の「岩手軽便鉄道　七月（ジャズ）」がつながります。賢治はイリドスミンを胚胎する母岩の鉱染鉱床[★7]を探査するより、砂鉱床を探すべきだったと反省しているのです。賢治を駆り立てたイリドスミンはこの詩を作成した大正14年には、1匁52円の高値を付けるまでになっていました。

賢治は最晩年まで岩手県下でのイリドスミン採掘を夢見ていたのですが、体調不良で調査を中断せざるをえなくなり、結果的に直接発見はできませんでした。ともあれ「岩手県にイリドスミンのある事

★——4　弥永芳子『砂白金——その歴史と科学』（文葉社／2006年刊／233p.）参照

★——5　「本日白金線屑を王水に溶解しその残渣を何気なく白金の定性を致し候処白金の反応なく却てイリヂウム（或はオスミウム）らしき反応を得候　その際突然本県内にて兼て砂金中の白色の強酸に不溶なる金属を含むことを想起致し右は最早白金、イリヂウム及この属の稀金属と確信仕り候　北海道にては現に同地質より砂白金及イリヂウムを産し、殊にイリヂウムは多く有望なるも鉱量少き事を聞き申し候、本県は之等稀金属の母岩たる蛇紋岩の分布最大に有之必ずや近く之を問題とするに至る事と存じ候…」

★——6　金野英三『「イリドスミン」』「宮澤賢治追」』1934年刊（続橋達雄編『宮沢賢治資料集成』第一巻／日本図書セ

を初めて発見したのは実に同君である」（金野）という事実は変わりません。

さて、金野によれば「今年（昭和8年）の夏の頃私は上閉伊郡某村の橄欖岩中にイリドスミンにあらずやと思はるるものを認めたので、再び同君と此問題について話し合ひ、健康の回復次第更に研究を続ける約束をしたのも今は空しき昔物語となった。」とあります。この経緯は、佐藤隆房★8の伝記によってやや詳しく紹介されています。

「この橄欖岩は近頃手に入れたのですが、この白くキラキラ光っている微粒をみると、何となくイリドスミンがはいっているような気がしますが、どんなものでしょう。」

「本当にそんな感じがしますね。橄欖岩と蛇紋岩とは性質が似たものだから、橄欖岩中にも含まれているかも知れませんね。病気が治ったらなおよく調べてみます。それからイリドスミンの産出する地方を明らかにした岩手県の地質図は、病気が治り次第完成させてあなたに差上げたいと思っています。」

前者が金野、後者が賢治の言です。「イリドスミンの産出する地方を明らかにした岩手県の地質図」というのは、賢治の関心の深かった早池峰一帯他「岩手県下における蛇紋岩や橄欖岩の分布図」ということでしょう。しかし、実際は昭和7年（1932）にタスマニア産の安価なイリドスミンが輸入され、1匁13円に暴落してしまいました。地方にいた賢治らがこのことを把握していたかは不明ですが、もし賢治が事業化を図っていたら大損したことになります。イリドスミンは詩の世界に留めておいて正解だったのでしょう。

ンター／1991年刊）参照

★――7　鉱染鉱床
微細な鉱石鉱物が母岩中に散点するタイプの鉱床。

★――8　佐藤隆房（1890―1981）　賢治の主治医。賢治の父・政治郎と交際があり、町の有力者らと組んで花巻共立病院（後の花巻総合病院）を設立し、院長となりました。大正15年春に賢治が、同病院の花壇を手がけた様子は、童話「花壇工作」に描写されています。伝記『宮澤賢治』（冨山房／1942年刊）の出版で知られます。

10 解説●イリドスミン/自然オスミウム ［iridosmine / osmium］

含イリジウム自然オスミウムをかつてはイリドスミンと呼びました。元素鉱物は、50%以上含まれる元素名で呼ぶという近年の取り決めにより、イリドスミンという名称は歴史的な役割を終えています。

白金、イリジウム、オスミウム、パラジウム、ロジウム、ルテニウムの6つの元素は、物理的性質が似かよっており、白金族元素と呼ばれます。このうちの前三者は比重が20を超える、大変重い元素です。

オスミウムは稀な元素です。地殻平均濃度は0.4ppbに過ぎません。これは、1000トンの岩石中に含まれる量がわずか0.4gだということです。一方、地球の上部マントルでは3.1ppb、太陽系の始源物質と考えられるC1コンドライト隕石では486ppbと見積もられています。このデータは、オスミウムが主として地球の内部に存在することを示しています。

自然オスミウムは他の白金族元素とともに、かんらん岩や、かんらん岩の水和物である蛇紋岩などの超塩基性岩に含まれます。上部マントルから絞り出された超塩基性岩が白金族元素に富んでいることに納得がゆきます。

鉱物学的性質	イリドスミン/自然オスミウム
グループ	元素鉱物
結晶系	六方晶系
結晶の形	六角板状
化学組成	(Os, Ir)
色	白っぽい鋼灰色
光沢	金属光沢
硬さ(モース)	6-7
比重	17-22
劈開	なし

11 sepiolite 海泡石

「海泡石《かいほうせき》」は、粘土鉱物の一種で、蛇紋岩中に変質物として産出しています。英語名「セピオライト sepiolite」は、イカを意味するギリシャ語 sepia に由来します。海泡石が、多孔質なイカの甲骨のように見えることがあるためでしょう。ドイツ語ではMeerschaum（メイシャム）[★1]と呼ばれ、海の泡の意味します。日本名はこの流れを汲んでいます。賢治は白々とした薄曇り空の形容として用いています。

同心町の夜あけがた
一列の淡い電燈
春めいた浅葱いろしたもやのなかから
ぼんやりけぶる東のそらの
海泡石のこっちの方を
馬をひいてわたくしにならび
町をさしてあるきながら
程吉はまた横眼でみる

——『春と修羅　第三集』〔同心町の夜あけがた〕

★——1　メルシャム、メシャムとも呼ばれます。

11-1·2

海泡石

[上／11-1]海泡石を削りだしてつくったパイプ。

●トルコ産

[右／11-2]礫岩中に含まれる海泡石の団塊。表面が平面的なのは、ナイフで削った跡です。

●トルコ　エスキシェル産

●写真の左右長7cm

●GSJ M19019

11 | 解説●海泡石 ……[sepiolite]

海泡石は、マグネシウムの含水珪酸塩で、白色ないしクリーム色の不透明な鉱物です。緻密な塊状で光沢は鈍く、貝殻状の断口を見せるのが普通です(写真11-2)。きわめて軟らかく爪で容易に傷がつきます。海泡石は滑石[$Mg_3Si_4O_{10}(OH)_2$]の結晶構造を含み、さらにトンネル状の構造もあわせ持った独特の鉱物です。2枚の珪酸塩四面体層にマグネシウムの八面体層を挟み込んだのが滑石の構造です。海泡石は、滑石の構造単位を2分の1周期ずらして積み重ねたもので、その間にトンネル状のすき間ができています。そのすき間には水分子が出入りし、滑石より比重が小さくなります。ちなみに滑石の比重が2.8であるのに対し、海泡石のそれは2です。海泡石の比重が0.98〜1.3と測定されることがありますが、それは粒間に含まれている空気が浮力を与えているためです。実際に、微細な繊維の集合体として産出する場合には、水に投げ込むと浮かび、無理に沈めると泡が出ることがあります。《海の泡》という名前のルーツはこのあたりにあるのでしょう。

海泡石は、かつてソープストーン(石鹼石)や建材としても利用されました。現在では石油掘削で用いる泥漿や猫のトイレにも使われています。可塑性と吸着性に優れた性質が活用されているのです。焼結して板材にすることもできます。このほかに、海泡石ならではのユニークな用途として喫煙パイプ(写真11-1)があります。軟らかくて細工しやすいため、精密な彫刻が施されます。

海泡石の商業的な採掘を行っている地域はごく限られています。トルコのエスキシェル周辺地域はその一つで、乾燥地域の盆地の礫層の中に層状に分布するものを坑道採掘しています。海泡石の濃集した層に達するために掘削された縦坑の数は、4000を超えるともいわれます。海泡石にはしばしば炭酸塩の菱苦土石がともなわれます。海泡石や菱苦土石の主成分であるマグネシウムの源は、蛇紋岩です。

鉱物学的性質	海泡石
グループ	珪酸塩鉱物(フィロ珪酸塩)
結晶系	斜方晶系
結晶の形	微細な繊維状または塊状
化学組成	$Mg_4Si_6O_{15}(OH)_2 \cdot 6H_2O$
色	灰白色、黄白色、青緑色、帯赤白色
光沢	土状光沢
硬さ(モース)	2-2.5
比重	2
劈開	繊維に沿って割れる
屈折率	1.49-1.54

第6章 — 黒い鉱物

——輝石たちこゝろせわしくさよならを言いかはすらん函根のうすひ——
【『歌稿A』二六八】

——黒水晶が熱して砕けるときのやうな／風の刹那の眼のかゞやきや——
【『東京』所載「光の渣」】

——この屋根は稜が五角で大きな黒電気石の頭のやうだ——
【童話『ガドルフの百合』】

「修羅」を象徴する色、黒

すべての色で最も暗い色、黒は、賢治作品の重要なキーワード「修羅」を象徴する色ともいえるでしょう。詩「胸はいま」に例があります。

胸はいま／熱くかなしい鹹湖であって
岸にはじつに二百里の／まっ黒な鱗木の林がつづく
そしていったいわたくしは／爬虫がどれか鳥の形にかはるまで[★1]
じっとうごかず／寝てゐなければならないのか

黒い林のイメージが修羅につながる爬虫類の背景として強調されています。[★2]『春と修羅』所載の「岩手山」（大正11年）と題する短い詩の一節でも、「空の散乱反射のなかに／古ぼけて黒くえぐるもの／ひかりの微塵系列の底に／きたなくしろく澱むもの」とあり、黒色に対する賢治の心情がうかがえます。不完全にしか残っていない作品「蒼冷と純黒」も、青く冷たい「蒼冷」と真っ黒な「純黒」の対話劇です。賢治の意図は明らかになっていませんが、二つの色の対比に深い意味が隠されているように思われます。

★――1　「爬虫がどれか鳥の形にかはるまで」という語句は、言うまでもなく「爬虫類の一種が鳥類に進化するまで」を意味します。

★――2　黒い林と爬虫類を扱った作品は他にもあります。「侏羅（じゅら）や白堊のまっくらな森林の中／爬虫（はちゅう）がけはしく歯を〔鳴〕らして飛ぶ／その氾濫の水煙からのぼったのだ／たれも見てゐないその地質時代の林の底を」――（『春と修羅』所載「小岩井農場　パート四」）

01 黒雲母

biotite

黒の鉱物としては、まず「黒雲母／バイオタイト」が重要です。童話「楢ノ木大学士の野宿」には「バイオタさん」[★1]として登場します。「黒雲母」という訳語は、和田維四郎の『本邦金石略誌』（1878年）によりますが、その名の通り、例えば花崗岩中に黒くごま塩状に散在するので、すぐに見つかる鉱物です。賢治は中学時代からたびたび関心を示しています。よく訪れた盛岡城址は、白亜紀花崗岩基盤の上に構築されており、その造岩鉱物の一種である黒雲母が「蛭石」に変質することにも気づいていました。

また、大正4年8月29日付の遠野から高橋秀松にあてた葉書では（賢治は盛岡高等農林学校一年生の夏）、「今朝から十二里歩きました　鉄道工事で新らしい岩石が沢山出てゐます　私が一つの岩片をカチッと割りますと初めこの連中が瓦斯だった時分に見た空間が紺碧に変わって光ってゐる事に愕いて叫ぶこともできずきらきらと輝いてゐる黒雲母を見ます…」。

黒雲母を含む岩石の種類には触れていませんが、「初めこの連中が瓦斯だった時分」とあるので、火成岩、とくに花崗岩質岩なのでしょう。この「鉄道工事」とは岩手軽便鉄道（後のJR釜石線）の開削工事です。建設工事が行われると新たな岩石の露出が見られるので、それを見学に行ったのでしょうか。それにしても十二里も歩くとは驚きます。これらの体験は一連の岩手軽便鉄道の詩に結実していきました。

★——1　ここで、「バイオタさん」が「りょくでい病（蛭石病の初期）」にかかるというくだりが、黒雲母の緑泥石化を意味することは、既に第2章07緑泥石の項で指摘したとおりです。

1-1·2

黒雲母

[上／01-1] 閃長岩ペグマタイトから産出した巨大な六角柱状の自形結晶。六角の面に沿って剥離し、鏡のように光沢の強い平面をつくります。

●カナダ　オンタリオ州カーディフ産

●左右長18cm

●GSJ M36745

[下／01-2] 黒雲母のカリウムが溶け出して、その代わりに水分子が入ったもの。加熱するとにょろにょろと伸びるため、蛭石のニックネームがあります。下の六角柱は加熱前、アコーディオンのように伸びたものが加熱後の姿。

●山梨県東山梨郡大和村初鹿野　古部産

●左右長約2.0cm

●GSJ M2134

花崗岩ペグマタイトから産出した黒雲母で、一部が変質して緑泥石を生じています。剥離面に直角な方向から撮影。

●北朝鮮咸鏡南道下元川面興慶里産

●左右長約9.5cm

●GSJ M34493

01 | 解説●黒雲母 ………………………………[biotite]

黒雲母(写真01-1、01-3)はさまざまな火成岩や変成岩に含まれて広く産出します。結晶構造中の鉄とマグネシウムの比が大きいほど色が濃くなります。黒雲母は、他の雲母族鉱物と同様に、二次元的に広がる鉄、マグネシウム、アルミニウムの珪酸塩層が、カリウムイオンによって引き締められた結晶構造を持っています。珪酸塩層同士の凝集力が相対的に弱いため、珪酸塩層に平行に薄く剥げます。

雲母仲間の白雲母は、電気絶縁体や耐熱窓材として広く利用されていますが、黒雲母は工業的にはほとんど利用されていません。鉄を多く含む黒雲母には導電性があり、また窓材としては透明度が足りないことがその理由と考えられます。薄く剥げて金色の鱗粉状になることから、内装用建材の装飾コーティング材として使われることがあります。

黒雲母を含む岩石が地表に現れて風雨にさらされると、黒雲母の層間からカリウムが溶け出し、そのかわりにヒドロニウムイオン[H_3O^+]が入り込みます。これを加熱すると、層間の水が水蒸気となって膨張し黒雲母の層間を押し広げます。その様子が、あたかも蛭が這うようであることから蛭石(写真01-2)という名称があります。

新鮮な黒雲母には用途が少ないのですが、風化して分解しかけた黒雲母は、加熱処理によって、多孔質で軽い素材に生まれ変わります。蛭石は、壁に吹き付けることによって部屋の吸音性と断熱性を高めるために利用されています。黒雲母がより高い温度条件で水和すると、緑泥石に変化し、そのために緑みが増します。

鉱物学的性質	黒雲母
グループ	珪酸塩鉱物(フィロ珪酸塩)
結晶系	単斜晶系
結晶の形	六角柱状、六角板状
化学組成	$K(Mg,Fe^{2+})_3(AlSi_3O_{10})(F,OH)_2$
色	黒色〜褐色、濃緑色
硬さ(モース)	2.5–3
比重	2.9–3.4
劈開	一方向に完全
屈折率	1.56–1.70

02 黒曜岩と松脂岩

obsidian & pitchstone

「黒曜石」の英語名「オブシディアン」は、火山ガラスに対して古代から用いられていた名称です。日本語としても「黒曜石」は古くからあったようですが、訳語として確定させたのは和田維四郎（1878年）です。ガラス光沢をもつ流紋岩～デイサイト質のガラス質火山岩の俗称で、岩石名としては「黒曜岩」と言うべきです。

童話「銀河鉄道の夜」では、カムパネルラが銀河ステーションでもらったという鉄道地図が「夜のやうにまっ黒な」黒曜石でできていました。また、一種の地質巡検案内ともいえる童話「台川」では黒曜石の岩脈／ダイクdykeが出てきますが、現実の花巻温泉裏手の北上川の一支流をなす台川流域には産出していないようです。

黒曜石によく似た岩石に「松脂岩《しょうしがん》／ピッチストーン」があります。松脂《まつやに》光沢をもつ流紋岩質のガラス質火山岩で、成分的には黒曜岩とほぼ同質ですが、水分に富む点で区別されます。賢治作品では『春と修羅』所載の「樺太鉄道」冒頭によい例があります。

やなぎらんやあかつめくさの群落／松脂岩薄片のけむりがただよひ

「台川」より

「そしてさうだ、向ふの崖の黒いのはあれだ、明らかにあの黒曜石のdykeだ。こゝからこんなにはっきり見えるとは思はなかったぞ。」「〔向ふの崖をごらんなさい。黒くて少し浮き出した柱のやうな岩があるでせう。あれは水成岩の割れ目に押し込んで来た火山岩です。黒曜石です。〕ダイクと云ふかな。いゝや岩脈がいゝ。〔あゝいふのを岩脈といひます。〕わかったかな。」

22-1

黒曜岩

流紋岩質の黒曜岩。白く小さな斑点はクリストバル石［SiO_2］の球顆で、その縞状の配列が溶岩の流動方向を物語っています。

●長野県諏訪郡下諏訪町和田峠産
●左右長14cm
●GSJ R11269

22-2

松脂岩

黒雲母流紋岩質の松脂岩。淡い黄緑色で、松脂に似た鈍い光沢を示しています。

- 愛知県南設楽郡鳳来寺町鳳来寺山産
- 左右長11.5cm
- GSJ R398

02 | 解説●黒曜岩と松脂岩 ［obsidian & pitchstone］

珪酸濃度の高いマグマ（流紋岩〜デイサイト質）が急速に冷えて固結すると、結晶粒子の目立たないガラス質の岩石になります。そのガラス質岩は、含水率1%以下の黒曜岩と、含水率が数%〜10%に達する松脂岩に分類されています。黒曜岩（写真02-1）は漆黒で、透明感があり、破断面にはビール瓶の割れ口のような輝きがあります。黒曜岩が黒く見えるのは、光を乱反射する斜長石や石英などの結晶粒子が少ないためであり、また、光を透過するガラスの中に不透明な磁鉄鉱［Fe_3O_4］の微粒子が分散しているためです。ほぼ同じ化学組成で結晶質の花崗岩が白く見えるのとは好対照です。一方の松脂岩（写真02-2）は黒色〜暗灰色〜帯緑色で透明感に乏しく、松脂に似た鈍い光沢を見せます。

黒曜岩は結晶粒子をほとんど含まず力学的に均質であるため、注意深く衝撃を加えることにより自在に成形できます。きわめて鋭利なエッジをつくることもできます。大した工作道具を持たない旧石器時代の人々が、黒曜岩を鏃や小刀の制作素材として活用できたのは、その性質が均質なためです。火山国日本には黒曜岩の産地が多く、その数は悠に50カ所を超えます。そのうちで、加工に適した良質の原石は、北海道白滝村、同十勝地方、長野県霧ヶ峰-和田峠-蓼科山地域、静岡県伊豆天城地域、東京都神津島、神奈川県箱根、島根県隠岐の島、大分県姫島、佐賀県腰岳などから得られ、古代人によって利用されました。

ガラスは自然条件では不安定で、時間の経過とともに表面から水和が進んでゆきます。水和層の成長速度は環境によっても異なりますが、およそ1〜10μm／1000年程度といわれています。実際に黒曜岩の水和層を顕微鏡下で計測することにより、遺跡から発掘された鏃などの制作年代が推定されています。

強度と耐食性に優れた合金をつくり、鋳込みや切削研磨によって自在な形状をつくり出せるようになった今日でも、黒曜岩は刃物としての不動の地位にあります。黒曜岩の破片が、金属を切削研磨してつくられる刃先よりシャープなためです。特に《きれいな》切断面が求められる眼球、心臓、神経の外科手術では、黒曜岩のメスが重用されるようです。金属アレルギーを起こさない点でも、黒曜岩は外科手術用素材として優れています。

松脂岩にも用途があります。含水率が高い松脂岩を800〜1000℃で焼くと、水分が発泡分離するために岩石が全体的に膨張し、多孔質の軽量素材に変わります。これを混入することで、軽量かつ断熱性のあるコンクリートをつくることができます。加熱発泡させた松脂岩は、土壌改良材や濾過剤にも使われています。

03 黒電気石

schorl

「電気石／トルマリン tourmaline」は、摩擦電気を生じ、焦電気性や圧電性★1が強いことから命名されました。18世紀初めに電気石を熱すると小さな紙片を引っ張る現象として発見・認識されたのです。化学組成によってさまざまな色を表しますが、★2その中の端成分の一つで黒いもの（鉄電気石／ショール schorl）を「黒電気石」と俗称します。

賢治作品では、大正11年夏頃の執筆とされる童話「ガドルフの百合」に黒電気石の表現があります。おそらく賢治自身をモデルにしていると思われる主人公ガドルフが、旅の途中で雷雨に遭い駆け込んだ無人の家を形容したセリフです。

> その稲光りのそらぞらしい明りの中で、ガドルフは巨きなまっ黒な家が、道の左側に建っているのを見ました。
>
> （この屋根は稜が五角で大きな黒電気石の頭のやうだ…）

電気石は三方晶系で、両錐形柱状をなすことが多いために、こうした表現を取り入れたのでしょう。

★——1　焦電気性は、ある結晶体の一部を加熱すると帯電する現象。圧電性は圧縮により帯電する性質。圧電性をもった電気石は、圧力センサーに利用されています。

★——2　第1章04インディコライト／リチア電気石も電気石の一つ。

23-1

鉄電気石

花崗岩ペグマタイト中の鉄電気石。黒い柱状結晶として石英に包有されています。

- 福島県石川郡石川町産
- 写真の天地約23cm
- GSJ M40742

23-2

鉄電気石

花崗岩ペグマタイトから分離した結晶。柱面の深い縦スジ(条線)と、丸みを帯びた三角形に近い断面はこの鉱物の特徴です。

- 福島県石川郡石川町産
- 最も長い結晶が、高さ2.5cm
- GSJ M40732

03 | 解説●鉄電気石 [schorl]

電気石は硼酸イオン［$(BO_3)^{3-}$］を含んだ珪酸塩鉱物の一種で、幅広い組成変化を示します。

一般化学式は、［$WX_3Y_6(BO_3)_3Si_6O_{18}(O,OH,F)_4$］と表すことができます。W、X、Yは複数の元素で置き換えられる結晶構造上の固有の位置に対応しています。［$(BO_3)_3Si_6O_{18}$］の部分はすべての電気石に共通する骨組みです。WにはNa,Ca,Kが、XにはAl,Fe^{3+},Fe^{2+},Li,Mg,Mn^{2+}が、そしてYにはCr,Al,Cr^{3+},Fe^{3+},V^{3+}などが入ります。Xの位置を主として鉄が占めたものが鉄電気石（写真03-2）です。

天然に産出する電気石のうち量的に最も多いのが鉄電気石であり、その比率は95%以上という見積もりがあります。例えば、花崗岩および花崗岩ペグマタイト（写真03-1）、変成岩の副成分鉱物となる他、砂粒として堆積岩にも含まれます。

電気石は耐摩耗性に優れているため、河川での運搬過程の消耗戦に生き残って砂岩の構成粒子にもなるのです。ペグマタイトからは、長さが数メートルにもおよぶ立派な結晶が産出することがありますが、残念ながら黒く不透明な鉄電気石には宝石としての利用価値はありません。

鉱物学的性質	鉄電気石
グループ	珪酸塩鉱物（サイクロ珪酸塩）
結晶の形	長柱状あるいは短柱状で、断面は三角形に近い。
化学組成	$NaFe_3Al_6(BO_3)_3Al_6(BO_3)_3Si_6O_{18}(OH,F)_4$
色	黒、緑色、褐色、赤、青、黄色、ピンク
硬さ（モース）	7-7.5
比重	3.0-3.2
劈開	不明瞭
屈折率	1.61-1.64

04 黒水晶 black quartz/morion

「黒水晶／ブラッククオーツ／モリオン」は、不透明な黒い水晶です。賢治は大正8年、23歳の時、父あての手紙に「私の目的とする仕事は宝石の人造に御座候。」と記し、その仕事の項目の一つとして「飾石宝石改造。（黄水晶を黒水晶より造る。…）」と綴っています。しかし、第3章02黄水晶／シトリンの項で既述したように、黄水晶を人工的につくるのは紫水晶からです。紫水晶を熱して黄色に変色させます。賢治はなぜか誤った記述をしています。

昭和3〜5年頃の執筆とされる『東京』所載の「光の渣」では、黒水晶を熱する描写が織り込まれています。

その青じろい光の渣の下底には
黒水晶が熱して砕けるときのやうな
風の刹那の眼のかゞやきや

「光の渣」より

その青じろい光の渣の下底には／黒水晶が熱して砕けるときのやうな／風の刹那の眼のかゞやきや／緑とも見え藍とも見える／つやつやとした黒髪の／そのしばらくの乱れをひさぎ／神経質なガスの灯や／丶丶丶には／あでやかに／またきらびやかにわらひながら／あけがたはまた日のうちは／青々としてかなしみを食む／あやしい人魚の群が棲む

24-1

黒水晶

花崗岩の晶洞に、正長石、白雲母とともに産出したもの。着色はやや不均一。下端部は灰色で透明感があり、上部はほとんど黒に近い色を示します。

- 岐阜県蛭川村田原産
- 左右長9cm
- GSJ M40164

04 | 解説●黒水晶 ……[morion]

茶色〜暗灰色に色づき煙ったように見える水晶は煙水晶《けむりすいしょう》、さらに黒みが強く透明感が乏しいものは黒水晶《くろすいしょう》と呼ばれています。両者の境界はそれほど厳密ではありません。

水晶(石英)の化学組成は二酸化珪素です。天然産水晶では、珪素の一部を置き換えて微量のアルミニウム、鉄、チタンなどの不純物元素が入っていることが珍しくありません。不純物元素は着色の原因になります。

煙水晶や黒水晶の着色の原因は、アルミニウムと放射線です。珪素100万個あたり数千個のアルミニウムが結晶格子に入り、その後放射線を充分に浴びれば、可視光を吸収する仕掛けができるといわれています。吸収される光の波長が、可視光領域の全体に広がっていれば、水晶は黒く見えます。結晶は全体として電気的中性を維持するようにできあがっており、珪素(4+)の一部をアルミニウム(3+)が置換すると、酸素(2-)の核外電子の一部が宙に浮いてしまいます。このような不安定さに放射線が追い打ちをかけて、可視光のエネルギーを吸収する場所がつくられるのです。浴びた放射線が多いほど、水晶は黒みを増します。構造の乱れが着色の原因をつくっているわけで、人工的に乱れを修復したり増やしたりすることで色調を変えることが可能です。試行錯誤により、350℃まで加熱すると色が薄くなり、800℃に過熱した状態で通電すると色が濃くなることが見いだされています。

黒水晶は、花崗岩中の晶洞やペグマタイトに普通に産出します。花崗岩ペグマタイトには、ウラニウムやトリウムを含有する鉱物が産出することが珍しくなく、花崗岩の放射能は他の岩石より高いことを考えると、黒水晶が花崗岩中に産出することに納得がゆきます。

鉱物学的性質	黒水晶
グループ	珪酸鉱物
結晶系	三方晶系
結晶の形	六角柱状

05-1·2

普通輝石

[上／05-1] 安山岩中に含まれる普通輝石斑晶。細粒の黒い基質の中に、5～8mm大の自形結晶として分散しています。

- ●イタリア　ベスビアス火山産
- ●写真の左右長約8cm
- ●GSJ M40566

[下／05-2] 普通輝石の一種、異剥石。双晶面に沿って割れた単斜輝石の大型結晶。破断面は、異剥石独特の脂ぎった光沢を見せています。大規模な破砕帯に沿って分布する蛇紋岩体中に産出したもの。

- ●熊本県中央町払川南方産
- ●写真の左右長約10cm
- ●GSJ M78098

05 輝石 pyroxene

「輝石《きせき》」は、火成岩や変成岩を構成する主要な鉱物の一つです。カルシウムに富む普通輝石など、多くの種類があります。欧名の「パイロキシン pyroxene」[★1]は、ギリシャ語のpyr(o)-(火)とxenos(異邦人)の合成語です。和名の「輝石」は、初め和田維四郎が「オージャイト augite」(ギリシャ語の明るいの意)の和訳として考案したのですが、『英独和対訳　鉱物字彙』[★2]でパイロキシンの訳語として「輝石」をあて、オージャイトには「普通輝石」をあてたのです。いささか混乱しますが、賢治が勉強したころは後者に統一されており、それほど問題はなかったでしょう。

「輝石」そのものが作品中に出てくる例は、大正5年作の歌にあります。盛岡高等農林学校二年生の春の修学旅行で関西方面をまわった後、賢治らが箱根に立ち寄ったとき詠んだものです。

輝石たちこゝろせわしくさよならを言いかはすらん函根のうすひ[★3]　——(『歌稿A』二六八)

この輝石は箱根火山を構成している第四紀の安山岩中のものでしょう。鉱物に感情移入ないし擬人化して作歌する手法は、なかなか卓抜です。

★——1　パイロキシンは、1797年にフランスの鉱物学者アウイが命名しました

★——2　小藤文次郎・神保小虎・松島鉦四郎『英独和対訳　鉱物字彙』(丸善／1890年刊)

★——3　校友会会報発表時には「輝石たち、こゝろせわしく、さよならを、云ひ替すらん、淡陽《うすひ》の函根。」と改敲されています。

05 | 解説●普通輝石 [augite]

普通輝石は黒っぽく、光沢が鈍いのが一般的なので、輝石という名前には多少の違和感があるかもしれません。

同じ結晶構造を保ったまま、鉄とマグネシウムは連続的に置き換わることができます。鉄が少ないものは色が薄く透輝石と、鉄が多いものは暗緑色〜黒色で灰鉄輝石と呼ばれます。

普通輝石は、角閃石、かんらん石と並んで、玄武岩、斑糲岩、安山岩（写真05-1）などの苦鉄質火成岩の造岩鉱物として、また高温でできた変成岩中にも産出します。暗色の柱状結晶をつくり、結晶の伸びに沿った劈開が発達します。

普通角閃石と普通輝石は、色調、光沢、結晶の形が類似していますが、二方向に発達する劈開面の交差角度が異なっています。劈開面がほぼ直交しているほうが輝石です。結晶の形が柱状になり、劈開が発達することは、結晶構造から理解できます。輝石の構造要素として最も重要なのが、シリカ四面体の重合によってできる鎖です。マイナスの電荷を帯びたシリカの鎖が、その間に入るカルシウム、マグネシウム、鉄などの陽イオンによって引き締められて輝石の結晶ができているのです。

なお普通輝石のうち、柱面に平行に著しい裂開を生じたものを、「異剥石」と呼んでいます（写真05-2）。異剥石は鉱物種名ではありません。裂開の方向は普通輝石に一般的な接触双晶の境界面であり、劈開面とは異なっています。割れ口は艶があり、真珠光沢、時に金属光沢を見せるものもあります。斑糲岩など、塩基性で粗粒の岩石から産出します。

鉱物学的性質	普通輝石
グループ	珪酸塩鉱物（イノ珪酸塩）
結晶系	単斜晶系
結晶の形	正方形に近い断面を持った短柱状
化学組成	$(Ca,Na)(Mg,Fe,Al)(Al,Si)_2O_6$
色	暗緑色〜黒色
光沢	ガラス光沢
硬さ（モース）	6
比重	3.2–3.6
劈開	ほぼ直行する二方向に完全
屈折率	1.67–1.76

06 角閃石

amphibole/hornblende

童話「楢ノ木大学士の野宿」に登場する「ホンブレンさん」は「角閃石《かくせんせき》」のことです。角閃石の英名は一般的に「アンフィボル」ですが、賢治は「ホルンブレンド hornblende」からとっています。ドイツ語のHorn（角）とblende（輝いて目をくらませるの意）[★1]の合成造語です。邦訳名「角閃石」の命名は、1878年の和田維四郎によるものでしたが、後に「普通角閃石」を指すようになりました。現在の名称アンフィボルは、フランスの鉱物学者アウイが1797年に命名し、この和名に「角閃石」をあてたのは1884年の小藤文次郎です。『大鑛物學』では両者は区別して記述されていますので、賢治はその違いを認識していたはずです。「ホンブレンさん」としたのは、「アンフィさん」では言いにくかったからでしょう。ここでは、黒雲母（バイオタさん）よりも角閃石（ホンブレンさん）のほうがマグマからの晶出が早いという科学的知見を踏まえた掛け合いが重要な場面となっています。また、「種山ヶ原　パート三」は、角閃石が閃緑玢《ひん》岩の構成鉱物であることを詠み込み、実際の観察を反映させた賢治ならではの地学的な作品です。

おゝ角閃石斜長石　暗い石基と斑晶と
まさしく閃緑玢岩である
――（「種山ヶ原　パート三」）

★――1　「目をくらませる」とは方鉛鉱に似ているのに鉛を含まないから。ホルンブレンドという名はもともとヨーロッパの古い鉱山用語に由来し、鉱石にともなう暗色柱状結晶の名称でした。角閃石を指す鉱物名としては、ドイツの鉱物学者ウェルナーが1789年に最初に使用したようです。

6-1

普通角閃石

六角柱状の大型結晶が平

普通角閃石

閃緑ひん岩の斑晶として生成した苦土普通角閃石。灰緑色の基質中に、黒色短柱状の結晶形が明瞭。

- 福岡市志賀島産
- 写真の左右長約4.5cm
- GSJ M35664

06 解説●普通角閃石 [hornblende]

角閃石は、輝石と並んで、ごくありふれた造岩鉱物です。安山岩、ひん岩(写真06-2)、閃緑岩、斑糲岩などの、シリカ含有率が中程度から低めの火成岩に含まれるほか、結晶片岩などの広域変成岩や接触変成岩に含まれて産出します。

暗色で特徴的な長柱状結晶をつくり、結晶の伸びの方向に沿って二方向に割れやすく、菱形の断面をつくります。普通角閃石は鉱物種名ではなく、鉄とマグネシウムの比にもとづいて、苦土普通角閃石(写真06-1、06-2)と鉄普通角閃石が正式名称として使われます。

色が黒っぽいのは鉄の含有率が高いためであり、結晶の長い外形や、特徴的な割れ方は結晶構造を反映しています。角閃石の結晶構造の骨組みはシリカ四面体が連結した二重鎖です。二重鎖はマイナスの電荷を帯びており、それがカルシウムやマグネシウム、鉄などの陽イオンによって引き締められることによって、結晶構造が成り立っています。二重鎖の伸びに沿って結晶が成長しやすく、また、二重鎖を断ち切るには大きなエネルギーを必要とするため、鎖に沿った方向に割れやすくなるのです。

鉱物学的性質	普通角閃石
グループ	珪酸塩鉱物(イノ珪酸塩)
結晶系	単斜晶系
結晶の形	短柱状〜長柱状
化学組成	$Ca_2(Mg,Fe,Al)_5Al(Al,Si)_8O_{22}(OH,F)_2$
色	暗緑色、暗褐色、黒色
光沢	ガラス光沢
硬さ(モース)	5-6
比重	2.9-3.4
劈開	柱面に平行な二方向に完全で、その交差角度は56°および124°
屈折率	1.61-1.73

07
石墨
graphite

「石墨《せきぼく》」の英名「グラファイト graphite」は、1789年にドイツの鉱物・岩石学者ウェルナーがギリシャ語 graphein（書く・印す）にちなんで命名しました。[★1] 日本では古くから「石墨」という語がありましたが、グラファイトの訳語として「石墨」を用いたのは1878年の和田維四郎だといわれます。石墨は金属・亜金属光沢を示し黒色不透明です。粗粒の石墨を多く含有すると石墨鉱床として採掘されることがあり、いわゆる賢治採集標本にも収蔵されています。

石墨を用いた作品は、短唱『冬のスケッチ』所載（三一）にあります。

つめたくひるげを終へ
ひとびとのこゝろそぐはず
西の黒くも、しろびかり
暖炉は石墨の粉まぶれ

★——1　ドイツ語 Graphit と命名したものが英語化した語です。

暖炉の石墨
ひるげせわしく事終へて／なにかそぐはぬひとびとの／暖炉を囲みあるものは／その石墨をこそげたり（文語詩「職員室」）

暗い空模様
やまなしの匂の雲に起伏し／すこし日射しのくらむひまに／そらのバリカンがそれを刈る／（腐植土のみちと天の石墨）（『春と修羅』「第四梯形」）

07-1

石墨

片麻岩中に濃集した石墨。
●富山県上新川郡大山町
千野谷鉱山産
●天地約17cm
●GSJ M1776

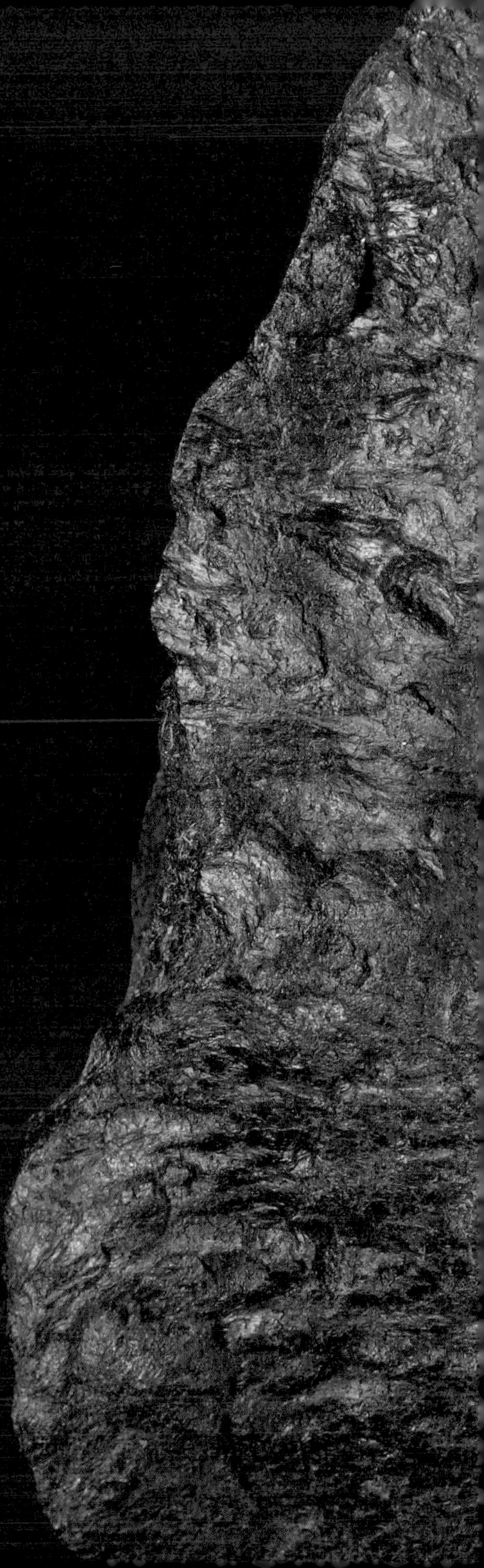

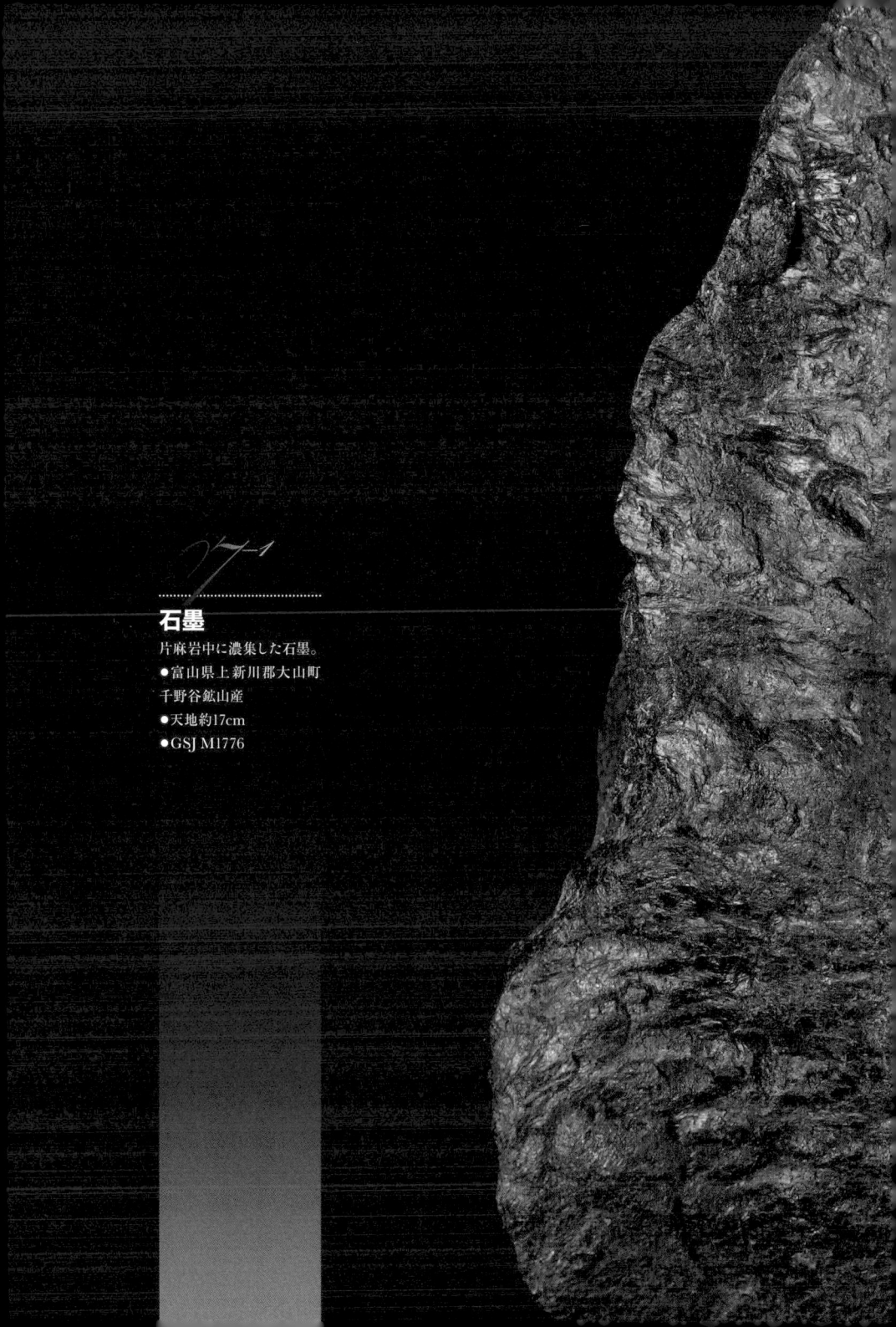

27-2

石墨

鶉の卵大の球状集合体で鈍い金属光沢を見せていま
す。斑糲岩～閃緑岩マグマの中でできたもの。

●北海道広尾郡広尾町音調津産

●左右長12cm

●GSJ M16738

07 解説•石墨 [graphite]

ダイヤモンドと石墨はいずれも炭素だけでできていますが、両者には際だった差があります。ダイヤモンドが無色透明で他に比較するものがないほど硬いのに対して、石墨は黒く不透明で金属光沢があり(写真07-1)、鉱物中では滑石と並んで最も軟らかい部類に属します。触ると手が黒く汚れます。ダイヤモンドは電気絶縁性に優れているのに対し石墨は電気の良導体です。これらの性質の極端な違いは、結晶構造の違いに由来します。ダイヤモンドでは、隣り合った炭素原子がすべての結合手を共有して三次元的に連なっています。原子間の結合が全方位に同程度に強固であることがたぐい稀な硬さを生みだしているのです。炭素同士の距離は1.54Åです。一方の石墨では、炭素原子が二次元的に重合してつくる網面が重なった構造になっています。網面内の炭素の結合はダイヤモンド並みに強固ですが、網面同士はごく緩やかに引き合っているに過ぎません。網面間の距離は3.37Åです。そのため石墨はシート状に剥離しやすくきわめて軟らかいのです。

堆積岩が埋没し温度と圧力が加わると、含まれていた有機物が分解し水分が絞り出されて非晶質の炭素に変わってゆきます。例えば、植物遺骸が集積した石炭は脱水が進むと無煙炭になります。無煙炭の炭素含有率は90〜98%にも達しますが、まだ結晶質ではありません。更に変成が進むと炭素は結晶化して石墨になります。石墨片岩や石墨片麻岩(写真07-1)は、このようにしてできた石墨結晶を含んだ変成岩です。石墨は、岩石中の有機物と熱水の相互作用でできることもあり、熱水鉱脈中からも見つかります。斑糲岩や閃緑岩といった深成岩中に玉状に濃集して現れることもあります(写真07-2)。

石墨は黒くて軟らかいため鉛筆の芯の材料に使われています。石墨と粘土の比率を調整して焼成することによって、さまざまな硬さの芯をつくることができます。粘土分が多いと硬く、少ないと軟らかい芯になります。鱗片状の結晶は軟らかいだけでなく滑りがよいため、潤滑剤として使われます。石墨はまた、電気をよく通し高温でも溶融しないため、電極やモーターブラシの素材にも適しています。そのほか、原子炉の減速材として使われます。

鉱物学的性質	石墨
グループ	元素鉱物
結晶系	六方晶系
結晶の形	六角板状、鱗片状
化学組成	C
色	黒〜鋼灰色
硬さ(モース)	1–2
比重	2.09–2.23
劈開	一方向に完全

08 黒ダイヤモンド／カルボナード

black diamond/carbonado

ダイヤモンドのうち、結晶が明瞭なものは宝石の代名詞となっていますが、不規則な外形をした粒状の「ボート」と、微粒結晶の集合体である「カルボナード／カーボナード」もあります。

「カルボナード」といえば、童話「グスコーブドリの伝記」に出てくる架空の火山島名「カルボナード島」が思い浮かびます。[★1] この島名の由来については諸説あり、炭酸ガスを出す火山から、炭酸塩（carbonate カーボネイト）、火成炭酸塩岩（carbonatite カーボナタイト）なども挙がりますが、この「黒金剛石カルボナード」からの発想とする説が有力と思われます。というのは、『大鑛物學』をひもとけば明らかだからです。下巻に「金剛石を區別して結晶金剛石・ボルト Bort・カーボナード（黒金剛石）Carbonadoとす、…カーボナードは黒色結晶質にして前者より一層緻密にして且つ一層堅く、無艶黒色不透明にして時には多少多孔質を帯び、全く劈開を缺く、之を燃せば二％の灰分を残すものなり」と説明されています。当時の地学界では、黒金剛石の英語名としてcarbonadoは一般的であり、読みは「カーボナード」「カルボナード」と、当時も今も確定しているわけではありません。賢治がここから「カルボナード島」を造語したと考えるのが自然でしょう。

先の「カーボナタイト」は、1921年にブレガー[★2]が命名したもので、当時は注目されていませんでした。

★——1 カルボナード島は「グスコーブドリの伝記」の初期形「グスコンブドリの伝記」にも登場します。「グスコーブドリの伝記」は昭和7年、雑誌『児童文学』第2号に発表。「グスコンブドリの伝記」はその前年に執筆されたといわれています。

★——2 ブレガー W.C.Brögger（1851—1940）スウェーデンの鉱物学者。オスロ大学名誉教授。

8-1

カーボナード

- 中央アフリカ産
- 写真の左右長約2mm
- 地質標本館収蔵

08 | 解説・カーボナード……[carbonado]

微結晶質で黒いダイヤモンドをカーボナードと呼んでいます。カーボナードは、ブラジル高原の河川堆積物から1840年代に発見されました。この名称は、現地の鉱山経営者や技師が普通のダイヤモンドと区別するために使い始めたものです。カーボナードは多結晶質のため割れにくく、単結晶のダイヤモンドよりも丈夫です。この優れた特性を活かして、岩石を掘削するボーリングのビットに埋め込んで使われました。かつては年間3万カラット程度生産されましたが、産出が稀で高価なことが難点でした。その後、人工ダイヤモンドの焼結によって類似の物質がつくれるようになり、工業材料としての天然産カーボナードの需要は減りました。

カーボナードは、黒く多孔質でマイクロメーターオーダーの微結晶の集合体です。キンバーライトというマントル起源の角礫岩に含まれて産出する単結晶ダイヤモンドとは、全く見かけの異なった石です。なぜ黒いのかという問題について、かつて石墨や非晶質の炭素が含まれているためではないかとの仮説が出されましたが、その後の研究ではこの仮説は実証されませんでした。

カーボナードの成因については長年の議論があり、必ずしも収束していません。例えば、隕石が地球に衝突したときに瞬間的に発生する高圧条件で、石墨からダイヤモンドへの転移が起こった、あるいは、有機物がウラニウム鉱物からの強力な放射線を受けてできたなどなど。成因は一つではない可能性もあります。

時として方解石、鉄とチタンの酸化物、長石、雲母などの地殻物質の破片を取り込んでいるという観察事実、また希土類元素の存在比が地殻中の頁岩に似ているという分析結果を考慮すると、カーボナードは地殻物質が転じたものと考えるのが妥当でしょう。

鉱物学的性質	カーボナード
グループ	元素鉱物
結晶系	等軸晶系
結晶の形	微結晶集合体
化学組成	C
色	黒色
硬さ（モース）	10
比重	3.1 - 3.3（結晶質ダイヤモンドより少々低い）

●風化帯(ふうかたい)———大気や風雨にさらされることによって物理的・化学的に分解した岩石が、現地に残留集積してつくるもの。長石は砕け、また粘土になるため岩石は軟らかくなる。また、岩石中の苦鉄質鉱物は水酸化鉄に変化するため赤色になっている。

●プレート———地球の岩石圏の表層にあって、剛性を持つ薄い平板状のユニット。地球の表層は13枚のプレートで覆われている。プレート上には、玄武岩質の海洋地殻と花崗岩質の大陸地殻があり、前者は後者よりも重い。プレートの水平移動にともなって大陸の衝突、沈み込み、乗り上げなどが起こる。日本列島には、東側から太平洋プレートとフィリピン海プレートが沈み込み、火山活動や地震を引き起こしている。

●劈開(へきかい)———結晶が、その構成元素の結合の弱い方向に沿って剥離する性質。劈開の強さによって、完全、良好、不完全、なし、などと表現する。劈開の方向を表すには、結晶面の名称あるいは立体図形の名称を用いる。例えば、蛍石の劈開は八面体、方解石の劈開は菱面体、岩塩のそれは立方体などという。

●ペグマタイト———マグマの固結にともなって、マグマだまりの縁辺部に生成される、ひときわ結晶粒子の粗い岩脈。あらゆる深成岩に生成されうるが、特に花崗岩にともなうものが多い。深成岩の造岩鉱物の粗粒結晶のほか、ベリリウム、ホウ素、リチウム、フッ素などの揮発性成分を濃集した鉱物や、希土類、ウラン、トリウムを含む鉱物も含まれることがある。

●変成岩(へんせいがん)———堆積岩や火成岩を含むすべてのタイプの岩石が、固体状態を保ったまま、物理的、化学的に再構成された岩石。温度および圧力の高低、剪断応力(せんだんおうりょく：物質の内部に作用して滑り面を生じさせる力。地震は剪断応力の解放によって起こる)の強弱、物質の動きやすさの程度が変成岩のタイプを決める。マグマが地殻の浅所に貫入することによってできたローカルな高温低圧条件でできたのが接触変成岩、剪断帯に沿った高圧高ストレス条件でできたものが動力変成岩、広域的に実現される温度圧力条件のもとにできた変成岩は、広域変成岩と呼ばれる。

●ボーキサイト———灰白色～黄色～赤褐色の軟らかい表層土壌で、降水量の多い熱帯～亜熱帯に発達する。アルミニウムの水酸化鉱物であるベーマイト$AlO(OH)$、ギブサイト$Al(OH)_3$、ダイアスポア$AlO(OH)$を含んでおり、唯一のアルミニウムの資源として採掘されている。

ら行

●硫酸塩鉱物———硫黄を中心に4つの酸素が四面体型に配位した硫酸イオン$(SO_4)^{2-}$を、主たる陰イオンとして含む鉱物。石膏$CaSO_4 \cdot 2H_2O$、重晶石$BaSO_4$などがある。

●流紋岩(りゅうもんがん)———優白色の火山岩で、石英やカリ長石の斑晶を含む。流理構造を見せることが多い。組成的には深成岩の花崗岩に対比される。

●リン酸塩鉱物———リンを中心に4つの酸素が四面体型に配位したリン酸イオン$(PO_4)^{3-}$を主たる陰イオンとして含む鉱物。フッ素燐灰石$Ca_5(PO_4)_3F$、トルコ石$CuAl_6(PO_4)_4(OH)_8 \cdot 4H_2O$などがある。

●裂開(れっかい)———劈開に似た結晶の剥離面であるが、発達しているとは限らないもの。双晶の境界面、溶離面(ようりめん：温度低下にともなって結晶中に析出した、組成の異なる鉱物間の境界面)などの二次的な構造に起因する。

●双晶(そうしょう)———同じ鉱物の二つ以上の結晶個体が、幾何学的な規則性を持って接合したもの。一方の個体が、反射操作、回転操作によってもう一方の結晶個体に重ね合わせられる。

●層状マンガン鉱床———海底に層状に堆積した、マンガンの酸化物、あるいは炭酸塩、珪酸塩などよりなる鉱床。中生代のチャートに挟まれた鉱床は、花崗岩による接触変成を受けて再結晶したものが少なくない。

た行

●堆積岩———岩屑および粘土が水中で層状に堆積し固化してできた砕屑性堆積岩、生物の遺骸が集積してできた石炭や石灰岩、海水が干上がってできた岩塩層や石膏層などを含む。

●断口(だんこう)———結晶の、劈開面以外の割れ口。貝殻状、平坦、不平坦、鋸状、多片状、土状などの言葉で違いを表現する。貝殻状断口は、二枚貝の輪肋(りんろく：半円状になった貝殻の筋)に似た同心円の模様を見せる割れ口で、物性が三次元的に均質な場合に現れる。

●炭酸塩鉱物———炭素を中心に3つの酸素が平面三角形型に配位した炭酸イオン$(CO_3)^{2-}$を主たる陰イオンとする鉱物。方解石$CaCO_3$、霰石$CaCO_3$、孔雀石$Cu_2(CO_3)(OH)_2$、藍銅鉱$Cu_3(CO_3)_2(OH)_2$などがある。

●超塩基性岩———シリカ含有率が44%以下の火成岩。かんらん岩や斜長岩が相当する。かんらん岩は地球の上部マントルを構成する基本的な岩石。

な行

●熱水鉱脈———地層の中の開口割れ目や破砕帯に沿って、水を主体とする高温の流体から鉱物が沈殿してできた、岩脈状の地質単位。生成温度は400℃以下のものが多い。石英SiO_2、方解石$CaCO_3$、蛍石CaF_2などの脈石鉱物にともなわれて、金・銀・銅・鉛・亜鉛・錫・タングステン・モリブデンなどの有用元素を濃集することがある。

●熱水性ろう石鉱床———破砕帯に沿って上昇した酸性の熱水が岩石と反応してできたもの。大量のパイロフィライト$Al_2Si_4O_{10}(OH)_2$、カオリナイト$Al_2Si_2O_5(OH)_4$などの粘土鉱物を含む。ダイアスポア$AlO(OH)$、コランダムAl_2O_3などの高アルミナ鉱物をともなうことが多い。

は行

●ハロゲン化鉱物———フッ素、塩素、沃素、臭素を主要な陰イオンとして含む鉱物。岩塩$NaCl$、蛍石CaF_2などがある。

●斑晶(はんしょう)———火成岩中で、基質中の結晶に比べて圧倒的に大きく、また自形を示す造岩鉱物。マグマが急冷される前に、マグマ中に大きな固体として存在していたもの。カリ長石、斜長石、普通輝石、角閃石、石英などは斑晶鉱物として普通。

●斑糲岩(はんれいがん)———暗色で、石英は5%以下、長石全体に占める斜長石の割合が90%以上の深成岩。斜長石はカルシウムに富む。苦鉄質鉱物としては単斜輝石を主とし、少量の斜方輝石とかんらん石をともなう。組成的には玄武岩に対応する。

●比重———鉱物の重さを同じ体積の水の重さで割った値。水の何倍重いかを表す。重い元素が密に詰まった結晶構造の鉱物の比重は大きく、軽い元素が緩く統合する鉱物のそれは小さい。

る鉱物の組み合わせに変わったゾーンのこと。例えば黄銅鉱を含む鉱脈の酸化帯には、孔雀石、藍銅鉱などの色彩の鮮やかな二次鉱物ができる。

●**光沢**——鉱物表面からの反射光を、その強度と色調・材質感を組み合わせて表現したもの。例えば、金属光沢、亜金属光沢、ガラス光沢、真珠光沢、樹脂光沢、油脂光沢、金剛光沢、土状光沢などの言葉が用いられる。

●**硬度(モース)**——鉱物の基本的な物性。ひっかきに対する相対的な強度スケールに、モース硬度がある。10種類の天然鉱物を標準として、それより硬いか軟らかいか、あるいは同等かで鉱物の硬度を記述することを、スウェーデンの鉱物学者モースが1812年に提唱したことにはじまる。標準鉱物は、軟らかい方から硬い方に、硬度1が滑石、2石膏、3方解石、4蛍石、5燐灰石、6カリ長石、7石英、8黄玉、9コランダム（鋼玉）、10ダイヤモンドの順である。

さ行

●**砂鉱床(さこうしょう)**——風化した岩石に水流や風などの物理的な力が作用し、風化に強く、かつ、重い鉱物が濃集してできた砂礫層。磁鉄鉱、錫石、ジルコン、モナズ石、金、白金、コランダム、ガーネット、ダイヤモンド生産の、かなりの部分が砂鉱床から得られている。

●**酸化鉱物**—— 一種類または二種類以上の金属元素と酸素が結合してできる鉱物。コランダムAl_2O_3、スピネル$MgAl_2O_4$などがある。

●**三波川変成帯(さんばがわへんせいたい)**——1億年～8000万年前頃の中生代白亜紀に、広域的な変成作用が起こった地域で、中央構造線の南側に沿って分布している。中央構造線は、九州中部から四国、紀伊半島、南アルプスを経て関東地方に至る大規模な横ずれ断層。

●**蛇紋岩(じゃもんがん)**——塩基性岩～超塩基性岩が比較的低温で変成し、その中のかんらん石や輝石が水和分解して、蛇紋石族の層状珪酸塩鉱物$Mg_3Si_2O_5(OH)_4$に変わったもの。蛇紋石族のクリソタイルは長い繊維（アスベスト）になる。

●**重鉱物**——比重が2.85以上の鉱物を指す。磁鉄鉱、チタン鉄鉱、ジルコン、ルチル、藍晶石、柘榴石、電気石、コランダム（鋼玉）など。

●**水酸化鉱物**——酸化鉱物の一種で、陰イオンとして水酸イオン$(OH)^-$を含むもの。針鉄鉱$FeO(OH)$、ダイアスポア$AlO(OH)$などがある。

●**スカルン鉱床**——高温のマグマと石灰岩・苦灰岩の接触帯にできる鉄、銅、亜鉛、鉛、錫、モリブデンなどの鉱床で、カルシウムに富む珪酸塩鉱物の集合体（＝スカルン）に随伴する。

●**石灰岩(せっかいがん)**——50%以上が炭酸カルシウムで構成される堆積岩。少量の玉髄質石英、長石の砕屑粒子、粘土鉱物、黄鉄鉱を含むことがある。石灰質の生物遺骸が集積したものも、温泉沈殿物起源のものもある。

●**接触変成岩**——熱変成作用でできる変成岩の一種で、貫入したマグマと、貫入された岩石の境界付近に発達するもの。石灰岩、苦灰岩を源岩とする接触変成岩は、カルシウムに富む珪酸塩鉱物、珪灰石$CaSiO_3$、灰礬柘榴石$Ca_3Al_2(SiO_4)_3$、緑簾石$Ca_2Al_2(Fe^{3+}, Al)Si_3O_{12}(OH)$、透輝石～灰鉄輝石$Ca(Mg, Fe^{2+})Si_2O_6$などの集合体、いわゆるスカルンになる。

●**閃長岩(せんちょうがん)**——カリ長石を主とし、少量の斜長石、角閃石を含む深成岩。石英の量が増えたものが花崗岩である。

用語解説

あ行

●安山岩(あんざんがん)———暗色で細粒の火山岩。しばしば、斜長石の斑晶を含む。細粒の石基中には、斜長石、輝石、角閃石、黒雲母などが含まれている。桜島、浅間山など、日本の火山には安山岩の溶岩を噴出するものが多い。

●異方性(いほうせい)———結晶の方位による、硬度、屈折率などの物理的性質の違い。

か行

●花崗岩(かこうがん)———優白色(明るい灰白色)で、20～60%の石英を含み、全長石のうち20～65%が斜長石である深成岩。10%程度、黒雲母などの有色鉱物を含む。大陸地殻の主要構成岩石。「みかげ石」は花崗岩石材の一種。

●火成岩(かせいがん)———熔融体(＝マグマ)の固結によってできた岩石。地下深部で徐々に冷やされてできた深成岩、および、地下浅所あるいは地表で急冷されてできた火山岩に分けられる。花崗岩、閃緑岩、および斑糲岩は深成岩。流紋岩、安山岩、玄武岩は火山岩である。

●カボッション———宝石を磨く形の一種。上面をドーム状に、下面は研磨しない平面かドーム状に、水平方向の輪郭、いわゆるガードルは楕円形に整えた形。透明度に乏しいもの、硬度が7以下のもの、欠けやすいもの、繊維状の包有鉱物による光彩効果のあるもの、遊色(光線の角度によって多色の色彩変化が現れる現象)のあるものに適用することが多い。

●苦鉄質鉱物(くてつしつこうぶつ)———造岩鉱物のうち、鉄とマグネシウムに富んだものを指す。かんらん石、輝石、角閃石、黒雲母などがこれに該当する。

●珪酸塩鉱物(けいさんえんこうぶつ)———珪素を中心に4個の酸素が配位してつくる珪酸イオン$(SiO_4)^{4-}$を、結晶構造の基本単位として含む鉱物。珪酸イオンは独立して、あるいは酸素を介して、さまざまな程度に重合し、鎖状、シート状、網状の二次構造をつくっている。かんらん石Mg_2SiO_4、緑柱石$Be_3Al_2Si_6O_{18}$、正長石$KAlSi_3O_8$などが含まれる。

●結晶系(けっしょうけい)———結晶形および結晶格子を、その対称性に基づいて分類した呼び名。立方晶系(＝等軸晶系)、正方晶系、六方晶系、三方晶系、斜方晶系、単斜晶系、三斜晶系の七種類に分けられる。立方晶系が最も高い対称性を持っている。

●元素鉱物(げんそこうぶつ)———狭義では、一種類の元素で構成された鉱物、およびその合金を指す。自然金、自然銀、自然銅、自然白金、オスミリジウムなどの金属、自然蒼鉛、自然砒、自然アンチモニーなどの半金属、自然テルル、自然硫黄、石墨、ダイヤモンドなどの非金属が天然に元素鉱物として産出する。

●玄武岩(げんぶがん)———暗色細粒の火山岩で、珪酸含有率が低く、鉱物組み合わせは斑糲岩と対比される。富士山や伊豆大島の三原山の溶岩、兵庫県玄武洞の柱状節理で知られる岩石。

●広域変成岩———広域的な変成条件のもとに、岩石組織や構成鉱物が再構成された変成岩。結晶片岩や片麻岩が相当する。

●鉱床酸化帯———硫化鉱物を含む鉱脈が、空気や雨水の影響のもとに酸化・水和して、異な

な行

は行

ま行

や行

ら行

わ行

さ行

た行

事項索引

●——おもに鉱物・岩石・人名などの固有名詞。

あ行

か行

ま行

や行

ら行

わ行

さ行

た行

な行

は行

作品索引

●——詩および短編は、『新校本　宮澤賢治全集』(筑摩書房)に基づく作品分類を(　)内に記載しました。

あとがき

鉱物陳列館と賢治

加藤碵一

鉱物を通して賢治作品を読み解き、同時に専門外の読者の方々に鉱物の基礎的知識を伝えようとする本書の試みはいかがだったでしょうか。

さて、賢治と鉱物の関わりについて以下に補足し、「あとがき」に替えたいと思います。

大正5年（1916）3月に修学旅行のため賢治が初めて上京した折に詠った「鉱物陳列館」と題された次の短歌があります。

しろきそら／この東京のひとむれに／まじりてひとり／京橋に行く。

というものです。

筆者らが所属した地質調査所（現（独）産業技術総合研究所）に属し、茨城県つくば市にある「地質標本館」のいわばルーツがこの「鉱物陳列館」なのです。明治15年（1882）創立の地質調査所は、明治39年（1906）に麹町区道三町から銀座や築地本願寺にほど近い京橋区木挽町に庁舎を移しました。ここにあった農商務省の特許の陳列館（地質調査所の標本の一部陳列）を地質調査所に属させ、明治44年（1911）5月1日に「鉱物陳列館」として公開しました。洋式二階造りで、大正3年（1914）には一部（三号室）を増設しました。賢治が訪れた年の入館者数は16756人で、3月の入館者数は賢治を含め1329人でした。

展示内容等について、当時地質調査所所長だった井上禧之助（1911）の明治43年度事業報告中に「陳列館」に関わる記事があり、盛岡高等農林学校蔵書であった『地質学雑誌』（1911）や『地学雑誌』（1911）に転載されているので、当然賢治も事前に眼にしていたことでしょう。

第一号室に本邦の地質鉱物に関する標本ほかが陳列されており、イリドスミンや陸中釜石鉱山産磁鉄鉱をはじめ賢治作品に登場する多くの鉱物標本が展示されていました。第二号室には、応用地質、特に金属・非金属鉱物・石材・宝石などの標本類及び精錬順序を示す標本類が陳列されていました。短歌にあるようにここを一人で訪問するくらいの賢治でしたから、さぞかし熱心なまなざしでそれらの標本に見入ったことでしょう。

その後、大正12年（1923）9月1日の関東大震災によって、標本5140種21322個は焼失してしまい、私たちも賢治の見た鉱物標本に二度とお目にかかれなくなってしまったわけです。歴史に「もし」は禁物ですが、賢治が大正12年以前に「鉱物陳列館」を訪れなかったら、かれの鉱物の登場する作品はかなり色あせたものになっていたかもしれません。

あとがき

賢治が鉱物学者になっていたら…

青木正博

石っこ賢さんが鉱物学者になっていたら…。

写真を撮影し解説を書きながら、その問いへの答えを探していました。鉱物学の水脈は、身近な石への素朴な好奇心に発しています。好奇心をエネルギーに、知の体系を築いてゆく営為が科学です。科学では、新たな発見と、その成果の記述において客観的で明晰であることが求められます。現象への科学的アプローチは、ある種の爽快感をもたらします。文芸には、科学とは異なったモチベーションがあります。文章によって真実味のある世界を創造し、そこに、我が意を得たりと思わせる的確な表現をちりばめることによって読者を魅了します。私たちには、もともと科学と文芸をともに楽しむセンスが備わっているのです。

賢治は、子供の頃から石に親しみ、同時に文章力を磨きました。盛岡高等農林学校に入学したときには、すでに傑出した観察力と、思いを的確に表現する力を備えていたことでしょう。引き絞られた弓にも似て、やる気満々だった賢治にとって、充実が図られていた高等農林の岩石鉱物標本との出会いは大いなる喜びだったはずです。彼は海外で出版された最新の教科書を圧倒的な熱意をもって読破し、自身の知識を体系化してゆきました。その一方、子供時代からの蓄積のたまものでしょうか、彼には石を見ながらファンタジーを構想するだけのゆとりもありました。そんな彼には、科学と文芸を融合させることに特段の困難はなかったでしょう。

賢治が鉱物学者にならなかった本当の理由は、今となっては知るよしもありません。彼は石に深い興味を抱くと同時に、無類の人間好きでもありました。人間を俯瞰的に理解しようとする熱意も、はかない命への共感も人一倍強かったでしょう。それゆえに、客観性、再現性を重んじる冷静な科学研究の土俵は、少々窮屈に感じられたのかもしれません。ともあれ、鉱物学と文芸をかくも自在に融合させることは、賢治にしてはじめてなし得た境地であり、そのことを素直に喜ぶべきでしょう。

本書掲載の写真に添えられた番号は、(独)産業技術総合研究所地質標本館の標本登録番号です。登録番号がGSJ M40010～40748の標本は、故青柳隆二氏によって収集され2006年に地質標本館に寄贈された「青柳コレクション」です。青柳氏は、石大好き少年として育ち、青少年の理科教育のために生涯を捧げた方で、賢治を大いに意識しておられたと思います。本書の出版にあたって宮澤賢治と青柳隆二氏が、賢治没後78年目にして出会うことになりました。私がその仲立ちをできたことを嬉しく思っています。

●著者紹介

加藤碩一〔かとう・ひろかず〕

国立研究開発法人 産業技術総合研究所 産総研名誉リサーチャー。地質調査総合センター代表、日本ジオパーク委員会委員歴任。1947年生まれ。東京教育大学大学院理学研究科地質鉱物学専攻卒。理学博士。産業技術総合研究所 東北センター所長時代に、賢治の足跡をたずねた成果を『宮澤賢治の地的世界』（愛智出版）としてまとめ、2007年宮沢賢治奨励賞（宮沢賢治学会）受賞。その他の著書に、『宮澤賢治地学用語辞典』、『石の俗称辞典 第二版』（ともに愛智出版）、『地震と活断層の科学』（朝倉書店）、『日本石紀行』（共著、みみずく舎）、『日本のジオパーク』（共著、ナカニシヤ出版）など多数。

青木正博〔あおき・まさひろ〕

国立研究開発法人 産業技術総合研究所 産総研名誉リサーチャー、地質標本館名誉館長。1948年生まれ。東京大学大学院理学系研究科博士課程修了。鉱物学専攻。理学博士。訳書に『岩石と宝石の大図鑑』（ボネウィッツ著、誠文堂新光社）、著書に『検索入門鉱物・岩石』（共著、保育社）、『鉱物図鑑―美しい石のサイエンス』、『鉱物分類図鑑』、『鉱物コレクション』『岩石薄片図鑑』（以上、誠文堂新光社）、『地形がわかるフィールド図鑑』、『地層の見方がわかるフィールド図鑑』、『薄片でよくわかる岩石図鑑』（以上共著、誠文堂新光社）など。平成20年度文部科学大臣表彰 科学技術賞受賞。

賢治〔けんじ〕と鉱物〔こうぶつ〕——文系のための鉱物学入門

発行日——二〇一一年七月二〇日第一刷　二〇一八年五月二〇日第五刷

著者——加藤碵一＋青木正博

エディトリアル・ディレクション——米澤 敬

編集——岩下祐子

エディトリアル・デザイン——宮城安総＋小沼宏之＋小倉佐知子

印刷・製本——三美印刷株式会社

発行者——十川治江

発行——工作舎　editorial corporation for human becoming

〒169-0072　東京都新宿区大久保2-4-12　新宿ラムダックスビル12F

phone:03-5155-8940　fax:03-5155-8941

URL:http://www.kousakusha.co.jp

e-mail:saturn@kousakusha.co.jp

ISBN978-4-87502-438-5